古典文獻研究輯刊

二 編

潘美月・杜潔祥 主編

第 3 冊

明代中央政府出版與文化政策之研究

張 璉 著

國家圖書館出版品預行編目資料

明代中央政府出版與文化政策之研究／張璉著 ── 初版 ── 台北
縣永和市：花木蘭文化出版社，2006〔民 95〕
目 2 + 152 面；19×26 公分（古典文獻研究輯刊 二編；第 3 冊）

ISBN：986-7128-23-0（精裝）
1. 書業－中國－明（1368-1644）

486.7   95003546

ISBN 986712823-0

9 789867 128232

古典文獻研究輯刊
二 編 第 三 冊   ISBN：986-7128-23-0

明代中央政府出版與文化政策之研究

作　　者　張　璉
主　　編　潘美月　杜潔祥
企劃出版　北京大學文化資源研究中心
出　　版　花木蘭文化出版社
發 行 所　花木蘭文化出版社
發 行 人　高小娟
聯絡地址　台北縣永和市中正路五九五號七樓之三
　　　　　電話：02-2923-1455／傳眞：02-2923-1452
電子信箱　sut81518@ms59.hinet.net
初　　版　2006 年 3 月
定　　價　二編 20 冊（精裝）新台幣 31,000 元

明代中央政府出版與文化政策之研究

張　璉　著

作者簡介

張璉，女，河南鄧州人，出生於臺灣南投草屯。1979 年輔仁大學圖書館學系畢業，1983 年中國文化大學史學研究所碩士，任國家圖書館（原國立中央圖書館）兼辦之漢學研究中心副研究員、編輯十餘年。1999 年中國文化大學史學博士，2000 年任教國立東華大學歷史學系至今，2004 年獲該校全校教學特優教師獎。曾任成文出版社《出版與研究》半月刊主編，中國明代研究學會秘書長、常務理事等。主要研究領域為明代思想史、明代社會文化史、中國出版史、文獻學等。著作除本書外，有〈天地分合：明代嘉靖朝郊祀禮議論之考察〉、〈明代嘉靖朝宗廟禮制變革與思想衝突之討論〉、〈載道與率情之間——試論明儒陳白沙之儒學傳述方式〉、〈偕我同志——論晚明知識份子自覺意識中的群己觀〉、〈從大禮議看明代中葉儒學思潮的轉向〉、〈從自得之學論朱陸異同〉、〈《三言》中婦女形象與馮夢龍的情教觀〉及〈宋明時代對韓日贈書與書禁探研〉等多部學術作品。

提　　要

　　明代繼蒙元而起，明太祖為重建華夏文風、奠定長治久安之基，締造一個郁郁文哉的大明帝國，開國後即積極建構一套王朝價值系統，做為教化治民、安定社會秩序的最高指導原則。首要之務從建立道德價值觀念著手，特別重視文化的建設，尤其在書籍的徵集、修纂及出版事業，皆不遺餘力的推動，堪稱為明代教化施政的重要表徵，本書從出版與文化的角度出發，深入探討明代教化與政策之間的關聯。

　　明朝政府自開國以後，即廣徵遺書，鼓勵民間獻書，至正統時，文淵閣藏書已相當豐富。在掌理圖書政策上，除訪求各方遺書外，也編修各類圖書，舉凡史書、禮制書、天文地理……等，都是重要的編纂項目，修纂完成即交付梓印，並廣頒全國，甚至鄰邦，以利大明帝國的政教推廣。

　　明代中央政府重要出版機構，有司禮監、南京國子監及北京國子監三處。司禮監為內府衙門之一，由宦官主持，其中有「經廠庫」為主要的出版重地，以刊印皇帝御製書為主，堪稱是明代宮廷的皇家出版社。南北二京國子監的「載道所」同為刊印場所，刻書總數量雖不及經場庫多，但南監因存藏宋、元舊書板，並多次修補舊板與重印流通，對於保存三朝舊版的貢獻頗巨。其他各府部院間或有刻書，唯數量較少。由於刻書出版的機關不同，刊刻圖書的板式、字體、紙張等，皆各具特色。此外，明代中央政府出版諸多的圖書，在人為與外在因素的影響，毀損與散佚嚴重，如今存世已屬稀罕。

　　大明帝國積極建構一套王朝價值系統，其內在思想建構與管制機制，經由圖書徵集、編纂、出版、傳播等系列流程，可充分觀察其文化政策，包括積極的與消極的兩套價值系統。

目

錄

第一章　緒　論

雕版印刷肇始於隋唐〔註1〕，最初印刷多爲民間私刻，政府刻書則源自五代。五代後唐時，有國子監刊刻《九經》，《舊五代史》云：

> 後唐明宗長興三年，宰相馮道、李愚，請令判國子監田敏校正《九經》，刻版印賣。〔註2〕

按《九經》自後唐長興三年二月（932）初刊，至後周廣順三年（953）完成，前後共歷四朝，雖是在變亂之中，仍能完成浩繁之《九經》雕刻，可知創始之不易也。自五代爲官府刻書奠下基礎後，歷代政府皆以「刻書」印刷爲文化建設之重要部分。

北宋政府繼承五代官刻之方針。如宋太祖開寶四年（971）開雕至太宗太平興國八年（983）始告完成之《大藏經》，凡五千四十八卷，爲歷史上刊印之第一部大書。太宗、眞宗時先後刻成著名四大類書——《太平御覽》一千卷、《文苑英華》一千卷、《太平廣記》五百卷（以上太宗時刊成）及《冊府元龜》一千卷（眞宗時刊成），刊後印刷流通於全國。又太宗端拱、淳化年間（988～994）命國子監重行校刻《九經》，開雕四史，及《說文解字》等書；仁宗時命國子監雕印醫書等等，由是政府刻書範圍日益擴大。南宋政府繼續北宋之傳統，高宗曾令國子監將各地官署所刻書版匯集於監中，繼續印行，並刊印許多尚無刻本之書，故南宋國子監之刻本，包括經史子集，種類繁多。

國子監爲宋代中央政府主要刻書機關，所刻之書稱爲監本，北宋監本今大多亡佚，現存宋監本以南宋監本爲主，且大半迭經修補過。宋代政府刻書除國子監外，

〔註1〕孫毓修主張起於隋朝，見氏著《中國雕板源流考》：「以今考之，實肇自隋時，行於唐世，擴於五代，精於宋人。」（台北：商務印書館，1964），頁1。張秀民主張起自唐朝，見氏著《中國印刷術的發明及其影響》：「中國雕板印刷術大概起源於七世紀初年（636年左右）。」年代爲貞觀年間。（台北：文史哲出版社，1980），頁47。

〔註2〕《舊五代史》卷四三（台北：藝文印書館，1955）。

崇文院、秘書監、司天監亦曾刊刻書籍，今皆罕有傳本。元代官刻機關以興文署爲主，興文署隸屬秘書監，掌管刊刻經史子集板本。以刻胡三省註《資治通鑑》最爲有名，此外亦刊蒙古文譯本，如成宗大德十一年（1307）刊刻之《孝經》、武宗至大四年（1311）刊刻之《貞觀政要》，仁宗時刊刻之《大學衍義》、《列女傳》等均爲其例〔註3〕，唯元代享國甚短，故所刻之書不多。

明代官刻事業較諸前列朝代更顯發達，自明代始有「內府刻本」，爲皇家專屬的出版機構，由司禮監的太監主持，設有「經廠」專司刊刻書籍，所刊之書泰半爲經史讀本、國家政令及皇帝御製之書。此外，國子監亦掌刻書，分爲南北二京國子監：南國子監刻書較多，又因所收藏宋元舊版之故，於是補刊舊版亦成爲主要刻書工作之一；北京國子監自明中葉起逐漸取代南監地位，刻書多以南監印本爲依據，然脫漏錯誤之處頗多。明代各府部院亦行刻書，唯數量不多，留傳至今者更爲稀少。此外各地藩府刻書，亦屬官刻事業，唯不直接代表「中央政府」，故不在本文討論範圍之列。清代官刻受明代的影響，主要亦集中於內府的武英殿，刊印之書包括經史子集及各種「御批」、「欽定」等書，以康熙、乾隆兩朝爲最盛，道光以後內府刻書便漸趨衰微。

自五代至清末，歷代中央政府出版數量最多者，以明清兩代稱盛，明中央政府刻書卷帙之浩繁，種類之眾多，可從明代的書目窺知，只是歷經五百年餘年後，傳世者相對銳減許多，且分散於世界各地。

明王朝歷經「中國之禮變易無盡」〔註4〕的蒙元手中建立，開國後亟力恢復華夏文化與各項典章制度，明代前幾朝皇帝尤其垂意於文化的建設，一方面爲鞏固皇家政權，達到文化統御的目的；一方面爲教化治民、安定社會的最高指導原則，以奠定國家的長治久安，當王朝的價值系統，隨著各項禮法律令的制定與實施而日益穩固，則圖書出版正是推動文化政策的有效環節。

本書旨在討論明代中央政府如何訂定其圖書出版策略，包括蒐羅前代遺書、訪求各地佚書，以及編纂刊印傳播等方面；考察中央政府的書籍典藏與散佚的情形，並進而分析明王朝的文化政策，全書分爲六章，第一章爲緒論；第二章討論明代中央政府圖書出版政策；第三章討論中央政府的刻書與出版；第四章討論圖書典藏與散佚情形；第五章從中央政府出版分析明代的文化政策；第六章結論。

〔註3〕元·王士點，商企翁，《秘書監志》，《元明宮廷史》第一冊（台北：偉文圖書公司，1967）。

〔註4〕《明太祖實錄》卷八二。

第二章　明代中央政府圖書政策

有明開國以後，帝室即深知文化教育之重要，而文化教育之推行，首在圖書典冊之利用，因而多方訪求遺書，或向民間購買舊書等，其目的皆爲了保存史料與圖籍。在廣徵遺書之餘，復著力於各項典籍之編纂，並廣爲梓行，頒賜國內臣民，包括皇室子孫、朝廷百僚、各藩府王及各級學校，更廣及鄰近屬國，不但便利政府政令之傳布，更作爲其立國治民之手段。茲就明政府在圖書方面所採之措施，略分爲四節加以探討之。

第一節　訪求遺書

明太祖雖起自布衣，出於僧寺，然其對於文化遺產之珍視，實不亞於一般儒者，在其未得天下之前，各地尙在兵燹紛亂之際，即著意訪求遺書，及至統一天下，更數次詔示臣民廣求遺書，保存故宋前元圖籍，並除去書籍稅，鼓勵民間獻書。元末至正廿六年（1366）五月，明太祖未登基前，即「命有司博求古今書籍」〔註1〕，洪武元年（1368）四月，復下令訪求古今典籍，並藏之祕府，以資閱覽，當時太祖謂侍臣曰：

> 三皇五帝之書，不盡傳於世，後鮮知其行事，漢武帝購遺書，六經始出，唐虞三代之治始可得，而見武帝雄才大略，後世罕及至，表章六經，開闡聖學，又有功於後世，吾每於宮中無事，輒觀孔子之言，如節用愛人，使民以時，眞治國之良規，孔子之言誠萬世師表。〔註2〕

〔註 1〕清·龍文彬，《明會要》卷廿六，〈學校〉下云：「丙午五月庚寅命有司博求古今圖籍」按丙午年即元至正廿六年，乃明太祖登基之前兩年（台北：世界書局，1963）。
〔註 2〕明·徐學聚，《國朝典彙》卷廿二，〈朝端大政〉，頁409。（台北：學生書局，1965）。

—3—

太祖以漢武帝爲師法之對象，以孔子爲經國之良師，因是倍愛圖籍。元年八月徐達、常遇春率兵進入元都，「盡收圖籍，而封府庫」〔註3〕並將秘閣所藏之書悉解送金陵，同時太祖下詔：「書籍筆墨農器等物，不得收取商稅」〔註4〕同年九月「克燕京詔」中亦曾指示：

> 秘書監、國子監、太史院典籍、太常法服、祭器、儀衛及天文儀象、地理、戶口、版籍，應用典故文字，已令總兵官收集，其或迷失在軍民之間，許赴官送納。〔註5〕

該批解送至金陵之圖書，太祖爲有效管理，乃先設秘書監丞負責，其後再改由翰林院典籍官掌理。至於散在民間之遺書，則由禮部派人至各地購買，由於政府之鼓勵，民間百姓有好書者，皆樂意獻上。如洪武廿三年（1390）十二月福建布政使司進呈《南唐書》、《金史》、《蘇轍古史》三書，便是其例。

　　徵書工作成祖繼之不輟。永樂四年（1406）四月成祖親至御便殿，翻閱書史，詢問文淵閣（原南宋文淵閣）藏書情形，大學士解縉對以尙多闕略，成祖則謂：「士人家稍有餘資，皆欲積書，況於朝廷可闕乎？」〔註6〕遂召禮部尙書鄭賜，四出購求書籍，不計較圖書之價值，凡朝廷所需要之書，悉數購回，成祖又曰：

> 置書不難，須常覽閱乃有益，凡人積金玉皆欲遺子孫，朕積書亦欲遺子孫，金玉之利有限，書籍之利豈有窮也？〔註7〕

成祖好書、愛書情形，實可與太祖相比美。

　　成祖以金陵非其帝業發跡之地，於登基不久，藉就近防衛邊患之由，積極興建北京都城，在尙未移都之前，已將南京文淵閣所貯之書漸次北移。永樂十七年（1419）三月命侍講陳敬點檢文淵閣中藏書，各取一部移藏新都，餘仍留閣中。取出之書，由皇太子與修撰陳循督運，計裝船十艘，載書百櫃，送達北京。〔註8〕永樂十九年（1421）正式移都北京，皇家藏書精華，從此永儲北京。

　　迨經成祖下令北遷之書，集中庋藏於北京左順門北廊。至英宗正統六年（1441）楊士奇授命移左順門北廊之書於文淵閣東閣，逐本點檢，編置字號，輯成《文淵閣

〔註3〕《明太祖實錄》卷卅四。

〔註4〕明‧傅鳳翔，《皇明詔令》卷一（台北：成文出版社，1967）。

〔註5〕《明太祖實錄》卷卅五。又明‧傅鳳翔，前引書，卷一。

〔註6〕《明成祖實錄》卷五三。

〔註7〕前引書，卷五三。

〔註8〕《明會要》卷廿六，〈學校〉下，頁419。又清‧朱彝尊《曝書亭集》卷四十四，〈文淵閣書目跋〉（台北：世界書局，1964）。

書目》，各書均鈐蓋「廣運之寶」朱文印璽，以作識別。〔註9〕當時文淵閣已貯藏明開國以來之御製書及四部等書，復與自左順門北廊移來宋金元三代之書匯而為一，此批圖書包括宋之宣和殿、太清樓、龍圖閣三館閣圖籍；金之伊洛諸書；及舊元京師所藏與江西杭州書板。〔註10〕至此，文淵閣始有書目可資檢尋，今觀《文淵閣書目》共載書四萬三千二百餘冊，其蓄積之豐、縹緗之富，不難想見。

孝宗弘治年間（1488～1505）內閣藏書及書板，由於疏於管理，書籍或散佚、或湮沒、或蟲噬、或被盜，已不及明初所藏十分之一。弘治五年（1492）大學士邱濬鑑於經籍之廢墜，上表請求徵求遺書，並設置藏書之所，妥善典藏。邱濬言：

> 今承平百年、中外無事，烏可使經籍廢墜？……前代藏書之多，有至廿七萬卷者，近內閣書目不能十一，數十年來，在內未聞考校，在外未聞購求，及今失之，恐遂放佚。……今請敕內閣所藏書籍，令學士以下，督典籍官，彙若干冊，冊若干卷，檢其有副本者，分貯一冊於兩京國子監。若內閣所無或不備者，乞敕禮部行天下提學官，榜示購訪，俾所在有司，校錄齎呈。其藏書之所，一在京師，曰內閣、曰國子監，一在南京，曰國子監，使一書而存數本，一本而藏三所。〔註11〕

孝宗嘉納其建議，下令行之，自是展開明中葉之徵書工作。

世宗嘉靖十五年（1536）御史徐九皋核查歷代藝文志，遇有不全之經籍，則尋至士民之家，借回原本送官謄寫，謄畢再發還。世宗復敕命翰林院檢查祕閣所貯藏之經籍，有無缺遺，並詳列其目，凡歷代藝文志所載之遺書、及明朝名臣碩儒所著述之文集，有補於世教者，併入收採貯藏。

由以上史實，足見有明一代，垂意經籍之一般情形，上有帝王之督導，下有臣民之用心，朱明對圖書之政策，蓋自蒐集遺書入手，其後編纂各類圖書，用以作為立國治民之基礎。

〔註9〕《明史‧藝文志》云：「正統間，士奇等言：『文淵閣所貯書籍，有祖宗御製文集，及古今經史子集之書，向貯左順門北廊，今移於文淵閣東閣，臣等逐一點勘，編成書目，請用寶鈐識，永久藏弃。』制曰：『可』」。

〔註10〕清‧朱彝尊，《曝書亭集》卷四十四，〈文淵閣書目跋〉：「洪容齋隨筆亦云：『宣和殿、太清樓、龍圖閣所儲圖籍，靖康蕩析之餘，盡歸於燕。』元之平金也，楊中書惟中于軍前收伊洛諸書，載送燕都，及平宋，王承旨構首請肇送三館圖籍，至元中又從平陽經籍所于京師，且括江西諸郡書板，又遣使杭州，悉取在官書籍板至大都。」

〔註11〕清‧龍文彬，《明會要》卷廿六，〈學校〉下，頁420～421。

第二節　編修圖書

　　明代政府重視文治，於廣徵遺書之外，復大量編撰圖書，其編修書籍之眾之夥，實非前代所可比擬。除各朝之《起居注》、《實錄》外，還多次修纂前代史書，如《宋史》、《遼金史》、《元史》均敕令儒臣修纂，此外又留意宋元舊板《十七史》之修補梓行，及《宋元綱目》、《歷代通鑑綱目》等書之編訂，至於敕修及御製之圖書其例尤多，故明中央政府製作之鴻備，實遠邁前代。在此依時代之先後，將明政府修撰圖書分為三個時期，分別予以討論，藉此說明朱明政府修書工作之宏偉。

一、明太祖修書

　　明太祖未即位前，除訪求遺書外，亦下令編輯諸書，首先於元末至正廿五年（1365）六月，命滕毅及楊訓文二人蒐集自古以來無道之君王，諸如夏桀、秦始皇等之生平事蹟，編輯為書。太祖於此書進呈時日：「往古人君所為善惡，可為龜鑑，吾所以觀此者，正欲知其喪亂之由，以為戒耳。」〔註12〕次年（1366）十月又命儒士熊鼎、朱夢炎等修《公子書》及《務農技藝》商賈書，以作為不讀書之公卿子弟，與民間農商子弟平日口頭朗誦之書，使之亦能通曉大義，以達化民成俗之目的。明太祖在未著龍袍之前，已有帝者之憂，其後之喜愛修書，亦可以推見。

　　有明開國不久，太祖著手詔修史書，先是洪武二年（1368）二月詔修《元史》，以宋濂、王禕為總裁，太祖手諭曰：

> 　　自古有天下國家者，行事見於當時，是非公於後世，故一代之興衰必有一代之史以載之，……今命爾等修纂，以備一代之史務，直述其事，毋溢美，毋隱惡，庶合公論，以垂鑑戒。〔註13〕

由此諭告中，可知明太祖深悉修史之重要。同年七月太祖復遣儒士歐陽佑等十二人，前往北平、山東等處，探訪故元元統年間及至正廿六年之事蹟，以增補《元史》之闕略，次年（1369）再開史局續修《元史》，至七月始告完成。洪武十二年（1379）六月，太祖以《春秋》一書中所載列國之事，時見錯誤，難於考索，遂命東宮文學傅藻等重行纂錄，分列國並以事類聚之，首列周王之世，次為列國，固持著內中國而外夷狄之正統觀念，致使諸事之終始，秩然有序，是書編成後，賜名為《春秋本末》。

　　除史書之編修外，尚編修不少國家典章制度之書。洪武二年（1369）八月修纂

〔註12〕明・徐學聚，《國朝典彙》卷廿二，〈朝端大政〉第廿二，頁409。
〔註13〕前引書，頁410。

《禮書》，隔年九月編輯朝會、燕享、樂舞及升降儀節等各禮制爲《大明集禮》。十八年，太祖爲整肅胡風，去除蒙元舊習，特編訂《大誥》及續編、三編以鑑戒臣民，此書於當時流傳最廣。廿六年（1393）編有《諸司職掌》，詳列各官吏之職掌範圍。廿八年（1395）十一月編成《禮制集要》，十二月完成《洪武志書》之修纂。卅年（1397）正月頒布《爲政要錄》。

此外，在天文地理方面，亦有所編纂。洪武三年（1370）編成《大明志書》，是書編類明初各州郡之地理形勢，並述其形成始末。十年（1384）《大明清類天文分野》編訂完成。廿七年（1394）詔修《寰宇通志》，全書共分八目，統合全明之版圖，並詳加說明。

太祖以修書爲教化之主要目的，因而編修許多鑑戒之書，一來藉圖書傳達己意，二來以文字警示臣民知所戒範，如教導皇室子孫之書有：《祖訓錄》、《存心錄》、《辨姦錄》；教導各藩王之書有：《昭鑑錄》、《永鑑錄》等；又有《臣戒錄》、《相鑑》、《志戒錄》、《武士訓誡錄》、《世臣總錄》等，以鑒戒臣子。〔註14〕

二、明成祖修書

明成祖即位後，亦重文治，當時敕令編修之圖書，以《永樂大典》最受儒林重視，該書爲我國歷史上最大之類書。成祖乃以靖難兵變，入南京奪位登基，頗受非議，於是冀借稽古右文之舉，消弭草野私議，遂於永樂元年（1403）七月召集天下學士，從事纂修工作。成祖諭翰林學士解縉等曰：

> 天下古今事物散載各書，編帙浩穰，不易檢閱，朕欲悉采各書所載事物類聚之。而統之以韻，庶幾考察之便，如探囊取物爾。嘗觀《韻府》、《回溪》二書，事雖有統，而采摘不廣，記載大略，爾等其如朕意，凡書契以來，經史子集百家之書，至於天文、地理、陰隲、醫卜、僧道、技藝之言，備輯爲一書，毋厭浩繁。〔註15〕

翌年（1004）十一月解縉等進呈纂錄之韻書，賜名爲《文獻大成》。後來成祖以《文獻大成》尙多未備，遂下令重修，開館於文淵閣，集四方宿學老儒之心力，藉千百生員之手繕寫，前後歷三年之久，於永樂五年（1408）十二月始告完成，凡二萬二千九百卅七卷，匯成一萬一千零九十五冊，成祖親製序文，再賜名爲《永樂大典》。

永樂初年編修之書尙有：元年（1403）完成《古今列女傳》，及二年（1405）纂

〔註14〕前引書，頁409～422。
〔註15〕《明太宗實錄》卷廿一。

成《文華寶鑑》。《文華寶鑑》乃擴充太祖時編訂之《祖訓錄》，采輯自古以來之嘉言善行，及有益於太子行為準則者為書，以教授太子，俾使「庶幾成其德業，他日不失為守成令主。」〔註16〕

永樂十二年（1414）十一月成祖復命學士胡廣等纂修《五經》、《四書》及宋儒所著有關性理諸書，並諭曰：

> 《五經》《四書》皆聖賢精義要道，傳注之外，諸儒議論有發明餘蘊者，爾等采其切當之言，增附於下。其周程張朱諸君子性理之言，如《太極通書》、《西銘》、《正蒙》之類，皆六經之羽翼，然各自為書，未有統會，爾等亦聚類成編，二書務極精備，庶垂後世。〔註17〕

於是下令開館於東華門外，以胡廣為編修總裁，朝臣與四方學士共同參加纂修工作，次年（1415）九月編成《五經四書大全》及《性理大全》，並命禮部刊印，頒布天下。

十四年（1416）命儒臣采輯古今名臣奏疏彙編為《歷代名臣奏議》。十六年（1418）六月纂修《天下郡縣志》。次年（1419）三月編輯《為善陰騭》、《孝順事實》等勸善書。

三、其他諸帝修書

自仁宗至武宗近百年之間，諸帝編書，無論質或量，均不能與明初二帝相比。仁宗洪熙元年（1425）命楊士奇編纂爻卦本義之要旨，賜名為《周易直指》。士奇又以《周易》備載象象十翼之辭與修齊治平之道，遂請為編輯，於次年（1426）輯成，仁宗翻閱此書後大為讚賞，賜名為《周易大義》。復命將已成編之《尚書直指》、《春秋直指》等書，各置一冊於齋閣書殿及皇宮內室，以備不時觀覽。宣宗宣德間（1426～1435）編有《歷代臣鑑》、《外戚事鑑》及從經傳子史中采擇嘉言善行編成之《五倫書》，此書編修至英宗正統十三年（1448）才告完成。景帝景泰間（1450～1456）纂修《宋元綱目》及《寰宇通志》。英宗復辟後，於天順間（1457～1464）將永樂年間未編成之《天下郡縣志》，及景泰時修成未刊之《寰宇通志》合併重修為《大明一統志》。憲宗成化間（1465～1505）為繼洪武、永樂二朝之後編修書籍較多之時期，首先於成化三年（1467）九月編成《聖朝儀文法制集》；次為十一年（1475）四月商輅進呈《宋元通鑑綱目》；十二年（1476）十一月編成《續資治通鑑綱目》；十三年（1477）完成續編《宋元通鑑綱目》，及十九年（1483）之《文華大訓》等五部書。孝宗弘治間（1488～1505）完成《大明會典》與《歷代通鑑纂要》之修纂。

〔註16〕明‧徐學聚，《國朝典彙》卷廿二，〈朝端大政〉第廿二，頁414。
〔註17〕前引書，頁415。

自世宗嘉靖至明末百廿年間，唯嘉靖朝四十五年中編修之書較爲可觀。世宗嘉靖五年（1526）孫承恩采輯三代至宋元以來，凡可爲人君法戒之事蹟，綜括成六十韻詩，獻於世宗，世宗賜名《鑒古韻語》；六年（1527）兵部尚書張瓊獻自撰之書《大禮要略》，世宗下令史館重加纂述，名爲《明倫大典》，至七年（1528）六月完成，命交付史局刊行天下。廿年（1541）編修《典都志》、《承天府志》。廿三年（1544）重新纂錄《躬集醫方選要》、《御製外科集驗方》，並下令梓行。廿四年（1545）將前帝所撰之《御製文集》、《聖學心法》、《五經四書大全》、《性理大全》及《廿一史》重行抄錄，另續纂《大明會典》。四十一年（1562）內府中三殿閣失火，及時救出《永樂大典》，世宗因《大典》之倖免焚燬，特下重錄一部，以備來日之不虞，謄寫之副本貯存於皇史宬。四十五年（1566）二月史館進呈《承天大誌》，三月增修是書。

嘉靖以後書籍纂修不多，僅有穆宗隆慶三年（1570）重修李默所撰之《大明輿地圖》；神宗萬曆四年（1576）重修《大明會典》，六年（1579）編成《宗藩事例》、《宗藩要例》。明末啓禎年間，則有熹宗天啓四年（1624）校訂《大學衍義補》，五年（1625）纂修《宗藩限錄》，六年（1626）六月《五朝要典》編成，並刊布天下。思宗崇禎三年（1630）增修《大明會典》，九年（1636）大學士徐光啓與西方學者修正曆法，編成《崇禎曆書》。

有明一代編修之書不下數百部，其成果可自正統間文淵閣書目（楊士奇撰）及萬曆間內閣藏書目錄（張萱撰）略窺其貌，以上述及之修書情形，僅其梗概而已。朱明於修書時，嘗爲使圖籍更臻完備，屢次不厭其煩予以增補或重修，其編纂精神，誠爲可佩。

第三節　刊刻圖書

明政府編修之書既多且眾，爲廣流傳，除起居注、實錄等書爲手鈔外，泰半皆交付刊印，如此則印本可散布全國，書板亦可貯藏至後代。明政府刻書機構有：司禮監、南北京國子監，及禮部等各府院，而以國子監與司禮監爲主要刻書中心。

我國歷朝國子監設置由來已久，一方面是國家培育英才最高學府，一方面刻印書籍傳遞知識。國子監刻書最早始見於五代後唐校勘《九經》，並雕印鬻賣。〔註18〕此後，宋明兩代亦以國子監爲政府首要刻書處所。明代國子監有南北之分，「南京國子監」於洪武十五年（1382）由國子學擴建而成，亦稱「南雍」。「北京國子監」於

〔註18〕《舊五代史》卷四三（台北：藝文印書館，1982）

永樂元年（1403）設置，十九年（1421）成祖遷都北京後，改爲「國子監」，亦稱「北雍」。

南北兩雍刻書大略可分爲三種類型：

一、修補宋元舊板，再行刊印者，如校刊《十七史》。

二、刊刻御製或敕編之書，如《大明律》、《資世通訓》等。

三、國子監自行刊刻之書，又可分爲重刊明以前之書，如：《朱子語略》、《戰國策》等，及新刊明人之著作，如：唐順之所編《荆川先生右編》，楊時喬撰著《皇朝馬政記》等書。

另一重要刻書中心爲司禮監，司禮監乃明內府衙門十二監之一，是宦官中職權最大者，由於宦官偏居內府，接近皇帝，於是便於掌權，皇帝御製之書多經其手雕造，司禮監內設有經廠庫，專掌書籍刊刻及版印貯藏。《明代版本圖錄初編》云：

> 明內府雕板，閹寺主其事，發司禮監梓之，納經廠庫儲之，凡所刊者，
> 即稱之經廠本。沿習既久，莫溯其源。〔註19〕

今僅知宣宗宣德間內府設內書堂，太監始通文墨，然內府雕刊書籍，則自洪武時即有矣。現存於國立中央圖書館之《相鑑》殘本（僅存十卷）即洪武十三年內府刊本，然司禮監開始刊刻書籍之確切時間，已難考其始末。

除南北國子監與司禮監外，其他政府各府部院，如秘書監、禮部、吏部、都察院、欽天監、太醫院等亦間或有刻書，多以刻印當代撰著之書爲主，其刊刻數量遠不及前三監。

明代政府刻書有一特點，即政府所刻之書，只許民間依樣翻刻，不准另刻。曾有民間書坊依據官刻書，改刻成袖珍版，款制褊狹，文字多有差訛，故福建等處提刑察司，以「若不精校另刊，以正書坊之謬，恐致益誤後學」〔註20〕之由，議呈巡按察院，請「將各書一遵欽頒官本，重複校儲。」〔註21〕並拘各地刻書匠到官府，發給每匠一部官刻之書，嚴督其刻書，務要照官式翻刻，若有違官式者，則問重罪並毀板，由此足見明時刻書法制之嚴。

第四節　頒賜圖書

明政府在典籍之編修與刊印上，投注不少心力，其目的乃在傳布有利於推行政

〔註19〕顧廷龍、熊承弼，《明代版本圖錄初編》（台北：文海出版社，1971）。
〔註20〕清·葉德輝，《書林清話》卷七（台北：世界書局，1974），頁179。
〔註21〕前引書，頁179。

教之文字，俾使朝野上下共同進行，以永保國祚。因此頒賜圖書成爲明政府重要之圖書政策，賜書對象自皇室子孫以至於民間庠序，更擴及至鄰近屬邦。茲就賜書對象略分五點加以敘述。

一、賜書於太子太孫

賜書於皇室子孫，目的在教導子孫，以知曉保國治民之道。

太祖以布衣得天下，深感創業不易，故願子孫能恪遵祖訓，永得天祿。洪武四年（1371）四月《祖訓錄》編成後，太祖親自作序曰：

> 朕著《祖訓錄》蓋所以垂訓子孫，朕更歷世故，創業艱難，常憂子孫
> 不知所守，故爲此書，日夜以思，且悉周至細繹，六年始克成編，後世子
> 孫守之，則永保天祿，苟作聰明，亂舊章，是違祖訓矣。〔註22〕

於是命頒《祖訓錄》與子孫。此後又頒賜諸書，如《辨奸錄》，以示子孫識辨臣民之忠奸，勿使小人在位，奸黨禍國。

成祖於永樂二年（1404）敕編《文華寶鑑》，賜授太子，乃爲使後世子孫不失爲守成令主。十四年（1416）十二月楊士奇呈上《歷代名臣奏議》，成祖曰：

> 致治之道千古，一揆君能納善言，臣能盡忠不隱，天下未有不治，觀
> 是書足以見當時人君之量，人臣之直，爲君者以前賢所言，便作今日耳聞，
> 爲人臣者以前賢事君之心，天下國家之福也。〔註23〕

成祖遂賜此書於太子太孫，乃警示爲君者以納忠臣之言，爲國家之福。

憲宗於成化十九年（1483）十二月御製《文華大訓》，並親製文弁於卷首，作爲教授皇太子必讀之典籍。

二、賜書於臣子

明代皇帝「家天下」之思想極爲濃厚，尤其當明初胡惟庸謀逆被誅後，太祖多次頒賜臣子警戒之書，以告示臣子知所借鏡。洪武十三年（1380）因胡惟庸之獄，詔翰林儒臣纂錄歷代諸侯、宗戚、宦官之屬，凡悖逆不道者二百餘人之事蹟，編輯爲《臣戒錄》，頒布各臣子，俾有所警戒。十九年（1386）再頒《志戒錄》，是書采輯秦、漢、唐、宋四代中悖逆之臣事例百餘件，賜給群臣及教授講誦之用。後來太祖又覺得武臣不甚知曉古代善惡成敗之史事，故於洪武廿一年（1388）命儒臣編輯《武士訓誡錄》，並嘗於蒞武職之日，親授武臣。廿八年（1395）頒布祖訓條章於文

〔註22〕明・徐學聚，《國朝典彙》卷廿二，〈朝端大政〉第廿二，頁42。
〔註23〕明・徐學聚，前引書，頁415。

武諸臣，使國家立法能永垂後世，並下令凡更改祖法者，以奸臣論之，殺之無赦，其警示之嚴厲可由此推知矣。

此外，亦賜書於開國功臣，太祖以諸功臣多爲不學無術之武人，往往恃功驕咨，肆情廢法，迨洪武廿六年（1393）將征伐元室之名將藍玉下罪誅死，明初之元勳宿將，極少倖免，株連約一萬五千餘人，太祖因此重新定制功臣之封賚，詔翰林院稽考漢唐兩宋，對功臣封爵食邑之多寡，及名號虛實之等第，輯爲《稽制錄》一書，舉凡勳舊居室、墳塋、貨殖等皆有所定制，太祖親製序文，頒示開國功臣，使之朝夕省覽遵循，以遏阻功臣再度萌生奢僭之動機。

永樂元年（1403）成祖敕編上自三代，下迨明初之后妃，及諸侯、大夫、士庶等妻室之事蹟，凡一百六十餘人，名爲《古今列女傳》，旋又下令刊印，並頒賜朝中百官。十四年（1416）賜《歷代名臣奏議》於諸大臣，是時成祖已移駕北京，督視新都之營建，南京則由楊士奇輔佐太子監國，成祖恐生危疑〔註24〕，特頒此書予太子及諸大臣，以爲戒範也。

仁宗臨朝僅一年，在其甫即位時，即賜三公及兵部尚書《天元書曆祥異賦》一書，相傳此書爲劉基所作，仁宗初得此書時，曾示侍臣曰：

> 天道人事，未嘗判爲二，有動於此，必應於彼，朕少侍太祖，每教以
>
> 慎修敬天，朕未嘗敢怠，此書言簡理當，左右輔臣亦知之。〔註25〕

因而爲此書作序，並下命頒賜臣子。

宣宗宣德元年，敕編《歷代臣鑑》，頒賜群臣，俾使臣子能擇善而行，爲明室建功立業，與古聖先賢競相媲美。

代宗向來景仰三代聖賢，以及祖宗謨訓，故於景泰四年（1453）命儒臣采輯三皇五帝及漢唐以來諸君之嘉言懿行，彙爲一書，名爲《歷代君鑑》，又名《君鑑錄》，不但自己朝夕觀覽，並頒布群臣，使知輔勉之道。

三、賜書於藩府

太祖爲增皇室之威盛，因而在登基不久，即選擇名城大都分封朱姓子弟，至是諸王封地，遍布全國，然而鑑於古來藩王嘗倚勢作大，擾亂國事，遂於洪武六年（1373）命禮部與翰林院編輯漢唐兩宋以來藩王之事例爲《昭鑑錄》，頒示諸王。廿六年（1393）又命儒臣編輯《永鑑錄》賜予諸王，作爲眾藩王之鑑戒。

除鑑戒之書外，還頒示經史典籍於各藩府，作爲教化之用。如洪武十八年（1385）

〔註24〕明・徐學聚，前引書，頁415。
〔註25〕《明仁宗實錄》卷六下。

「賜湘、潭、魯、蜀四王十七史等書」〔註26〕；廿四年命禮部刊印《資治通鑑》、《史記》、《元史》等書。永樂三年（1405）五月「賜書周、齊、楚、蜀等王」。〔註27〕十七年（1419）頒賜敕編之《爲善陰隲》、《孝順事實》等書給各藩府。

萬曆初年，曾有大學士張居正議呈有關宗藩未妥之事宜，於是神宗於萬曆十年（1582）命禮部類集累朝之宗藩事例，並撮取其要，成爲《宗藩要例》凡四十一條，又命史館纂入《會典》之中，頒示各藩府，以爲藩府行事之準則。〔註28〕

四、賜書於學校

賜書於學校，主要作爲講授生員之教材。

太祖以明初歷經戰亂，經籍多散佚殘缺，使學者無法明道，故多次頒書於天下各學校。如洪武十四年（1381）三月，頒《五經》、《四書》於北方學校，並曰：

> 自喪亂以來，經籍殘缺，學者雖有美質，無所講明，何由知道，今以《五經》、《四書》頒賜之，使其講習，夫君子而知學則道興，小人知學則俗美，他日收效亦必本于此也。〔註29〕

洪武十五年（1382）十月命禮部頒劉向《說苑》、《新序》於全國各學校。後又深念「農夫舍耜，無以爲耕；匠氏舍斤斧，無以爲業；士子舍經籍，無以爲學。」〔註30〕於是廿四年（1391）再命禮部頒賜南京國子監所印之典籍於北方學校。

永樂二年（1404）頒《古今列女傳》之書版於國子監，十四年（1416）頒賜大字《千字文法帖》於監生，作爲監生習字之用。次年（1417）成祖以《五經四書大全》及《性理大全》爲「學者之根本，聖賢精蘊悉具於是」〔註31〕故特頒賜此二書於兩京國子監各六部，全國府、州、縣各學校一部。又於十八年（1402）賜御製《爲善陰隲》、《孝順事實》於國子監。

五、賜書於鄰邦

中國自印刷術發明後，雕印之書籍常被做爲禮物或商品，頒贈鄰近邦國，如朝鮮、日本、琉球、暹羅……等〔註32〕，明代爲宣揚國威，更大量賜贈政府出版之書

〔註26〕《明太祖實錄》卷一七六。
〔註27〕《明太宗實錄》卷四二。
〔註28〕《明神宗實錄》卷一二二。
〔註29〕《明太祖實錄》卷一三六。
〔註30〕清・龍文彬《明會要》卷廿六，學校下，頁419。
〔註31〕前引書，頁419。
〔註32〕張秀民，《中國印刷術的發展及其影響》（台北：文史哲出版社，1980），頁83。

籍於外國，所賜之書籍可略分為三類：

（一）曆　書

　　中國鄰近邦國一向使用中國曆法，明政府亦樂於將大統曆賜贈各國，使諸國遵循中國正朔，如此既便於與諸國聯絡、從事貿易，又可宣揚大明帝國聲威，因此每年頒贈許多曆書至外國。如洪武七年（1374）賜大統曆給琉球國中山王〔註33〕。又洪武初年賜高麗以金印，封為高麗國王，並頒贈大統曆，至洪武十八年（1385）「禮部言高麗咨請大統曆，詔以十本賜之。」〔註34〕宣德間，據欽天監統計每歲造曆數量高達五十萬九千餘冊，其中不少為頒賜諸國之用。英宗登基後，為節約國庫費用，減省至每歲印曆一萬九千餘冊。嘉靖間政府頒曆政策為──「惟朝鮮國歲頒王曆一冊，民曆百冊，蓋以恭順特優之，其他琉球、占城雖朝供外臣，惟待其使者至闕，賜以本年曆而已。」〔註35〕是時琉球、占城雖不再向明政府朝貢，但若遣使至明請曆，明政府仍賜以該年之曆書。

　　由明代大量印曆，可想見當時印刷術之進步，從明政府頒曆之史實觀之，可知鄰邦受中國習俗影響之深遠。

（二）經史之書

　　鄰邦除採用中國曆法之外，教育講習之經典，亦多為中國之書籍。唐宋時代中國經典嘗藉民間攜帶，或官方賜贈之方式，傳送至外國。至明代亦然，明政府多方頒贈經史之書於鄰邦。太祖於洪武二年（1370）「諭王固圉蒐乘備倭，無崇信釋氏，賜《六經》、《四書》、《通鑑》、《漢書》。」〔註36〕永樂元年（1403）賜朝鮮「金印、誥命、冕服、九章圭、玉佩，《列女傳》、《春秋》、《會通》、《大學衍義》、《通鑑綱目》等書。」〔註37〕四年（1404）九月命禮部裝印《列女傳》萬本給賜諸番。〔註38〕僅是書賜於番邦，即印達萬本之多，當時暹羅就得百本，足見明代政府出版事業之興盛。宣宗聞知朝鮮國王頗為好學，遂於宣德元年（1426）遣使賜贈《五經四書》及《性理大全》、《通鑑綱目》於朝鮮國王李祹（朝鮮國李朝世宗），並謂禮部尚書胡淡曰：

〔註33〕《明太祖實錄》卷九三。

〔註34〕前引書，卷一七六。

〔註35〕明・沈德符，《萬曆野獲編》卷廿（台北：新興書局，1976）。

〔註36〕明・茅瑞徵，《皇明象胥錄》卷一〈朝鮮〉，《中華文史叢書》，十六（台北：華文書局），頁56。

〔註37〕明・鄭曉，《皇明四夷考》卷上〈朝鮮〉，《中華文史叢書》，十七（台北：華文書局），頁482。

〔註38〕《明太宗實錄》卷三四。

聖人之道與前代得失，俱在此書，有天下國家者不可不讀。聞裪勤學，

朕故賜之，若使小國之民得蒙其惠，亦朕心所樂也。〔註39〕

此段話可知宣宗不但希望聖人之道行諸中國，亦能行諸鄰邦，其豁達大度之表現，誠不愧爲泱泱大國之君主。

明國子監中，有許多監生是外國子弟。柳詒徵於〈五百年前南京之國立大學〉一文中說：「四夷若高麗、百濟、新羅、高昌、吐蕃相繼遣子弟入學，逐至八千餘人。」〔註40〕可見有明以來，曾先後有八千餘位外國留學生，其於留學期間所獲經典之數量，想必亦相當可觀。

（三）勸善之書

頒賜外國之勸善書籍，包括藏經及教導爲善之書。

中國四夷多信奉佛敬，曾有西蕃遣使入明請佛藏經，永樂十六年「董卜韓胡宣慰使喃葛，遣頭目攘兒結等貢方物謝恩，且請佛像藏經，悉心賜之。」〔註41〕正統元年（1436）英宗賜日本以精勤善行之圖書。〔註42〕此外永樂間內府出版之《孝順事實》、《爲善陰隲》二書流傳入朝鮮後，朝鮮李朝世宗十六年（相當於明宣宗宣德九年：1434）還依據此二書之字體，鑄造銅活字，即所謂之「甲寅字」〔註43〕，足見中國文化影響朝鮮之深遠。

〔註39〕《明宣宗實錄》卷二二。
〔註40〕柳詒徵，〈五百年前南京之國立大學〉，《學衡》第十三期，（民國12年），頁1708。
〔註41〕《明太宗實錄》卷二〇四。
〔註42〕《明英宗實錄》卷一一八。
〔註43〕張秀民，《中國印刷術的發明及其影響》，頁97。

第三章　明代中央政府刻書與出版

明代中央政府以司禮監、南北二國子監爲主要刻書機關。國子監刊刻官書淵源已久，而內府衙門之司禮監刊刻官書，則明代首開其例，且其刻書地位不在國子監下。此外政府內各府部院亦興刻書，唯刻書之數量大遜於前三機關。由於各刻書機關之不同，故所刻之書各具特色，茲於本章詳細討論之。

第一節　司禮監刻書

一、司禮監組織與職掌

司禮監爲明代內府廿四衙門中十二監之一〔註1〕，十二監即：司禮監、御用監、內官監、御馬監、司設監、尚寶監、神宮監、尚膳監、尚衣監、直殿監、都知監等十二個內監官。洪武十七年（1384）始設置司禮監，以管理宮廷禮儀及糾劾內官爲主要職責，官秩七品，與當時六品之內官監相較，尚屬卑微。〔註2〕洪武廿八年（1395）重定內侍品秩，各監均設四品太監一人，左右少監各一人〔註3〕，司禮監之職等方與諸監並列，然而並無特殊地位，職務仍以掌管內廷各項禮儀及朝廷各種人事查劾爲主，並監督光祿司供應宮廷諸筵，亦長隨當差〔註4〕，因其位居內廷監察，威望漸增，於是地位大爲提升，至永樂年間宮內各巨璫已多爲司禮監人員，後又因傳遞硃批，票擬於皇帝與內閣之間，足以掌握宮廷政令之傳布，致有「司禮監權出宰輔

〔註1〕明代內府有十二監、四司、八局，統稱爲廿四衙門。
〔註2〕張存武，〈說明代宦官〉，《幼獅學誌》第三卷第二期，頁6。
〔註3〕清・孫承澤，《天府廣紀》卷十五，〈禮部上〉（台北：大立出版社，1980）。
〔註4〕前引書，卷十五。

上」〔註5〕的說法。

至於司禮監之組織與職掌，茲概略分述如左：

司禮監設有掌印太監一員，秉筆、隨堂太監四至九員。秉筆與隨堂太監每日輪流執行任務，至晚間申時交接。每天朝臣上奏之文書，除數本為皇帝親批外，餘皆由司禮監分擔批示，司禮監依照內閣票擬字樣，用硃筆以楷書批閱，倘奏本中偶有文字訛誤，亦自行將之改正，由此可知公文的處理，在居宰輔地位的內閣背後，有時還受到秉筆太監的牽制。秉筆又掌東廠職務，最能寵信於皇帝，其地位如劉若愚所稱的「秩尊視元輔」、「權重視總憲兼次輔」〔註6〕，足見其權勢之高。

又設提督太監一員，品秩在監官之上，平日居住於該衙門中，主理書籍、名畫、手卷等物。下設掌司，其中有掌司（四至六員）佐理庫藏，即書籍、冊葉、筆、墨、硯、綾絹、紙劄……等物品，皆各有庫房貯藏，由老成勤敏之監工，負責各庫鎖鑰。內書堂亦屬此掌司管轄。另有經廠掌司（四至六員），居住在經廠，專司梓刻書板及刷印書籍，佛、道、番藏亦皆佐理之。〔註7〕

監官典簿（十餘員），掌理內廷禮儀、刑名，長隨當差聽事，管制各設關防門禁。其次六科廊掌司（六至八員），分東西二房，主管內外章疏，及內官人事問題，其次有八至十員主管廿四衙門內管之級職姓名，撰寫每日傳行聖旨，稽查門禁及題奏應行之禮儀，應頒之賞賜等。其下有數十名寫字員。

文書房官（八至十員）掌理每日上奏封本，包括朝臣京官封本、內府各衙門封本、各藩府封本、內府各衙門封本、各藩府封本。另在外之閣票，在內之答票，先經皇帝批示，轉由文書房落底簿發行。

內書堂設於宣德間，作為宮內小太監讀書之場所〔註8〕，每次挑選二、三百位十歲上下之少年，撥入內書堂學習讀書識字。最初以刑部主事劉翀任翰林修撰，專授小內使讀書，後來改由大學士陳山授業〔註9〕，最後改以內臣任命，由「司禮監提督總其綱，掌司分其勞，學長司其紬。」〔註10〕司禮監於是增加教導內臣的職責。

〔註5〕錢穆，《國史大綱》下（台北：商務印書館，1978），頁508。

〔註6〕明·劉若愚，《酌中志》卷十六〈內臣職掌紀略〉：「最有寵者一人，以秉筆掌東廠掌印，秩尊視元輔，掌東廠，權重視總憲兼次輔，其次秉筆隨堂如眾輔焉。」收入《百部叢書集成》六十，《海山仙館叢書》第七函（台北：藝文印書館，1966），頁1。

〔註7〕明·劉若愚，前引書，頁2。

〔註8〕《明會要》卷卅九：「宣德元年（1426）七月，始立內書堂。」（台北：世界書局，1963）。

〔註9〕清·夏燮，《新校明通鑑》卷十九，「宣德元年七月」條。

〔註10〕明·劉若愚，《酌中志》卷十六，頁6。

一個區區內府監官，能掌批奏朝廷文書，票擬字樣，發行諭令，並刊印書籍，甚至主持內府的教育，其權力之大，威勢之盛，不僅是明代一特殊內官，恐亦爲中國各代歷史中所少見。

司禮監組織表（下表據明・劉若愚《酌中志》卷十六〈內臣職掌紀略〉所述之職掌列出簡表。）

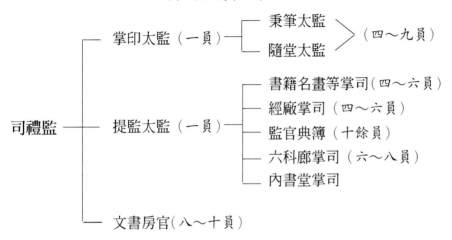

二、司禮監刻書重地「經廠」

「經廠」爲司禮監刻書之地，由司禮監提督總責其事，其下有四至六名掌司執行書籍之刊行及典藏，《京師坊巷志》卷一云：

> 《燕都游覽志》藏經廠碑記言，廠隸司禮監，寫印上用書籍，造敕龍
> 箋，藏庫則堆貯經史文籍、三教番漢經典，及御製書詩文印板。〔註11〕

經廠（見圖一）位於皇城西安門以東，紫禁城外西北隅，玉河橋以西〔註12〕，即西苑以西內府衙門之地。《明宮史・金集》〈宮殿規制〉云：

> 玉河橋、玉熙宮迤西，曰欞星門……欞星門迤西，曰西酒房、約西花
> 房、曰大藏經廠，即司禮監之經廠也。〔註13〕

經廠所在地與司禮監衙門相對峙於紫禁城之東北、西北兩隅，其間尚隔有景山與北海。案內府廿四衙門多集中於皇城北安門與東安門之間，即紫禁城外以東之地，司禮監亦居其中。如〈宮殿規制〉云：

〔註11〕清・朱一新、繆荃蓀，《京師坊巷志》卷一，（臺北：成文，民國59年），頁32。
〔註12〕玉河橋即清代之金水橋，見清・孫承澤，《天府廣紀》卷五，頁50。
〔註13〕明・劉若愚輯著，呂毖編，《明宮史・金集》，〈宮殿規制〉，收入《百部叢書集成》四
　　　十六，《學津討源》（台北：藝文印書館，1966），頁11～12。

　　　　皇城内自北安門裡，街景曰黃瓦東門，門之東……再東……再東稍

　　南曰内府用庫，曰番經廠，曰漢經廠，再南……曰司禮監……曰内書堂。

　　〔註14〕

故知司禮監衙門與經廠不在同一處。

　　另外，貯藏書籍，名畫、筆墨、紙劄等庫房，以及提督監官、典簿、文書房各掌司所居房屋，亦皆位於廿四衙門區內，唯經廠掌司居住於經廠。

　　經廠獨偏於皇城之西北隅，形勢上似顯孤立，卻實爲明代內府出版重地，御製書多藉重此小小經廠梓版刷印，方能廣爲流傳。其所刻之書，稱爲「內府本」，又稱「經廠本」，內府刻書即濫觴於此。繼明之後，清代欽定書，幾乎全集中在內府，康熙十二年（1673）設立武英殿刻書後，「殿版」就成爲清代欽定書之代表，蓋深受明代司禮監經廠刻書之影響。

　　經廠刻書需用之紙劄、筆墨等用具，俱貯藏於司禮監「經廠直房」〔註15〕，取用時必得皇帝批准。〈宮殿規制〉云：

　　　　自隆宗門外，朝東者曰司禮監經廠直房，日用紙箚書籍皆貯於此，候

　　御前取討。〔註16〕

　　「經廠直房」在紫禁城內，慈寧宮之南，而司禮監掌印處又在「經廠直房」之南，「經廠直房」與「經廠」相隔於紫禁城之內外，因此經廠一切需用，無法擅自作主，必經皇帝數點後，才准發用。

　　眞正執行鐫刻刷印之工作者，乃是監中工匠，據嘉靖十年（1531）勘合統計，司禮監有工匠一千五百八十三名，合卅九種別，其中包括牒紙匠六十二名，表背匠二百九十三名，摺配匠一百八十九名，裁曆匠八十一名，刷印匠一百卅四名，黑墨匠七十七名，筆匠四十八名，畫匠近七十六名，刊字匠三百一十五名等。刊字匠人數是其他工匠人數最多之一種。〔註17〕這些工匠俱出身於職業戶之「匠戶」〔註18〕，「匠戶」，多爲宮廷役用，又分「民匠」與「軍匠」二種，均爲世代相襲，不得轉業。若依匠戶之統領機構分，可分爲四個系統：一屬於戶部，以製鹽業爲主；一屬於兵部，分隸於各衛所，負責軍器製造，通稱「軍匠」；一屬工部，爲皇帝直屬之各衙門所用；一屬於宮內之內官監，負責皇帝生活起居。司禮監之工匠則爲工部所屬。洪

〔註14〕同前註。

〔註15〕明之官署，辦事於內者稱「直房」，辦事於外者稱「衙門」。

〔註16〕明・劉若愚輯著，呂毖編，《明宮史・金集》，〈宮殿規制〉，頁20。

〔註17〕明・李東陽，《大明會典》卷一八九，〈工部〉（台北：文海，1985）。

〔註18〕吳智和，〈明代職業戶的初步研究〉，《明史研究專刊》第四期（1980，12），頁55。

武廿六年（1393）按宮內各部門需要，定出工匠輪班制，分爲五年、四年、三年、二年、一年一班等之五種輪班方式〔註19〕，當時司禮監中刷印匠、表背匠爲一年一班，刊字匠爲二年一班，筆匠爲三年一班〔註20〕。至憲宗時，統改爲四年一班，以後未再更動。

由於匠戶代代相傳，其間不乏技藝純熟之專家，故經廠鐫刻之書形式美觀，字體端正厚實，有其獨特精美之處，唯可惜刊刻時，不重校讎，錯誤層出，故後人不甚重視。

在皇城內還有三個以「經廠」爲名之處，即漢經廠、番經廠，道經廠。近人毛春翔將這三個經廠與司禮監刊印之地混爲一談，他說：

> 司禮監設有漢經廠、番經廠、道經廠。漢經廠專刻本國四部書籍，番經廠所刻，當是佛經之類，道經廠所刻，當是道藏，因此後人稱其所刻爲經廠本。〔註21〕

據明末宦官劉若愚《酌中志》所記三經廠之功能並非如此，他提到漢經廠爲「每遇收選官人，則撥數十名，習念釋民經懺，其持戒與否，則聽人自便。」；番經廠爲「習念西方梵唄經咒……供西番佛像」；道經廠爲「演習元教諸品經懺」。〔註22〕蓋此三經廠乃爲皇城釋道僧侶誦經梵唱之所，每歲逢萬壽聖節，還於皇城內興作法事，熱鬧非凡，絕非刊印經書之重地。且此三經廠皆位於北安門裡之內府衙門區中，與「經廠」相隔甚遠，而釋、道藏經之刻印都爲「經廠」之職責範圍，故知此「經廠」非彼「經廠」也，「經廠本」之名亦不因漢、番、道三經廠之名而來，只因皆有「經廠」二字，後人易相混淆。

三、司禮監所刻之書

司禮監經廠刊刻之書很多，以皇帝御製書居泰半，就其成書方式而論，有御纂、御定、御批、御編、御選或奉敕編等等，大體可歸納爲「御製書」、「中宮御製書」。此外亦刊印內府授課之讀本、監官上請刊印之書，釋道經典及殿前對策之試題等。茲於下分列爲御製書、中宮御製書、敕刊書、請刊書、內府讀本、佛道經典及對策試題等七項目，舉例說明之。

（一）御製書

〔註19〕《明太祖實錄》卷二三〇。

〔註20〕《大明會典》卷一八九，〈工部〉。

〔註21〕毛春翔，《古書版本常談》，（香港：中華，1985），頁47。

〔註22〕明・劉若愚，《酌中志》卷十六，〈內宦職掌紀略〉，頁36～43。

御製書為皇帝親自撰著之書，或發布之誥令，或敕命臣子依帝意編修之書。例如：御製《大誥》、《大明律》為太祖對全國臣民之誥令，《皇明祖訓》做為歷朝為政遵循的準則；《聖學心法》為成祖親撰之書；《五經四書大全》為成祖敕命胡廣編纂之書。御製書為司禮監刻書中數量最多者，依李晉華「明代敕撰書考」〔註23〕所列書目，計約有百餘種，考今傳世之書約七十種。

（二）中宮御製書

中宮御制書為為皇后親製或敕撰之書。按明代唯成祖時仁孝皇后撰書，有永樂三年先後完成之《內訓》及《勸善書》二種，於今皆仍存世。

（三）敕刊之書

敕刊之書為皇帝敕命臣下刊刻之書，這些書既非御製書，亦非中宮御製書，而多為前代著述，例如：成化間刊印唐吳兢之《貞觀政要》，正德九年（1514）刊印宋江贄之《少微通鑑節要》，嘉靖三年（1524）刊印元馬端臨之《文獻通考》等，皆為其例．敕刊書數量略次於御製書，亦為司禮監刊刻之主要圖書。

（四）請刊之書

「請刊」乃指司禮監奏請皇帝准予刻印某書而言。按「請刊」之例並不多見，茲舉其例如下：

萬曆年間有司禮監秉筆太監陳矩，奏請重刊《大學衍義補》。《酌中志》卷七〈先監遺事紀略〉云：

> 先監（指陳矩）每暇即玩味《大學衍義補》，或令左右誦聽，乙巳之冬奏進二部，請發司禮監重刊，先監卒後數年始完。惜督刻抄寫者寡昧無識，其中頗多舛錯，至今沿習未正，良可痛也。〔註24〕

又云：

> 先監每欲將陳鳳梧所刻《周禮》合集說考註訓，雋照向句解，次序勒成一書，亦欲奏請重刻，而志竟未遂也。〔註25〕

後段所記，可推測其「志竟未遂」之因，可能未得皇帝允准，或是陳矩尚未奏請，亦可能未著手編次，僅係構想而已。

天啟間，宦官劉若愚以內書堂之教材，皆出自老學究之手，不足為教，遂自擬一份教材，亦欲上請皇帝發刊〔註26〕，後劉若愚因事被株連下獄，久久才得釋放，

〔註23〕李晉華，《明代敕撰書考附引得》，《哈佛燕京學社引得特刊》三（台北：成文出版社）。

〔註24〕明‧劉若愚，《酌中志》卷七〈先監遺事紀略〉，頁 5/a。

〔註25〕明‧劉若愚，前引書，頁 5/b。

〔註26〕明‧劉若愚，前引書，卷十八〈內板經書紀略〉，頁 1～9。

而請刊一事是否付諸行動，亦不得而知矣！

　　前所述的事例，有些雖無法確知刊印與否，但「請刊」之舉，則確有可據。

（五）內府讀本

　　內府中有「內書堂」，是教導小內使學習文墨，及教女官讀書識字的地方，所用的讀本皆由司禮監經廠刊印。《明宮史》〈木集〉云：

> 內書堂讀書……每給《內令》一冊，《百家姓》、《千字文》、《孝經》、《大學》、《中庸》、《論語》、《孟子》、《千家詩》、《神童詩》之類，次第給之。……凡有志官人，另有書自讀，其原給官書，故事而已。〔註27〕

以上所列之書，爲內書堂教導小內史的基本讀本。此外，教導女官的讀本如：

> 宮內教書……提督之所教宮女讀《百家姓》、《千字文》、《孝經》、《女訓》、《女孝經》、《女誡》、《內訓》、《大學》、《中庸》、《論語》等書，學規最嚴，能通者升女秀才、升女史、升女官。〔註28〕

由上所列，不難得知宮內教導太監、女官讀本之種類，係以基本知識與道德教化之書爲主。

（六）佛道經典

　　明主多好佛道，有明以來，內府刊刻不少大小藏經，供應城內僧侶誦經之用，也有爲發願而刻經。

　　明代先後兩次刊印佛藏經，即今所謂之《南藏》與《北藏》。《南藏》刊於南京，然非司禮監所刻，洪武五年（1373）太祖命高僧於南京蔣山開雕，雕竣後板藏大報恩寺。《北藏》刊於北京，即爲司禮監所刻，永樂十八年（1420）成祖爲太祖及馬皇后追福發顧〔註29〕，遂重雕《大藏經》〔註30〕，至英宗正統五年（1440）始刊成，凡三千三百六十一卷，六百七十八函，梵夾本形式。萬曆十二年（1584）慈聖宣文明肅皇太后命刻《續藏》，約四百餘卷。今美國普林斯頓大學葛斯德東方圖書館收藏之明《北藏》即附有《續藏》。

　　道經之薈萃成藏，最初始於六朝，至宋代時已有四千餘卷，後來元代禁絕道教，大肆焚燬道藏經書，迨明英宗正統十年（1445）重輯《道藏》，命經廠刊印，以千字文順序編次，自天字至英字。萬曆卅五年（1607）再輯《續藏》，自杜字至纓字。全

〔註27〕明・劉若愚輯著，呂毖編，《明宮史・木集》，〈內府職掌〉，頁4。
〔註28〕明・劉若愚輯著，呂毖編，前引書，頁37。
〔註29〕野上俊靜撰，鄭欽仁譯，《中國佛教通史》，（臺北：牧童出版社，1978），頁154。
〔註30〕華嚴關主，〈藏經考證〉，《人生月刊》第八卷第二期（1956, 2），頁14。

藏凡五百廿函，五千四百八十五冊〔註31〕，印板藏於大光明殿，至清末八國聯軍入侵北京，存板遂盡燬於戰火。

除佛藏、道藏外，司禮監還刊有番藏及諸經典數十餘部。

（七）對策試題

殿前對策之試題亦由司禮監鐫刻。

每年三月十五日會試選出之殿前策士，必上陛殿與百官行叩拜禮，然後各領試題，在殿前對策，至申時繳還試題。對策試題乃為內閣擬呈，於前一日召請中書交六科廊繕寫，並由內瑞監督，當夜命司禮監鐫刻，於次日對策前交至殿前〔註32〕。

茲附錄明末啓禎年間，內府書板存藏數目，俾從其存藏情形，略知內府刻書之大概。此附錄參閱劉若愚《酌中志》〈內板經書紀略〉及呂毖《明宮史》〈內板書數〉彙輯而成。

附：明末啓禎年間內府書板

經 部	
易傳（六本五百八十二葉）	御製洪範篇序（一本三十葉）
周易大全（十二本一千一百十八葉）	書傳（六本五百八十三葉）
書傳直解（十三本八百五十六葉）	書傳大全（十本七百六十一葉）
詩傳（六本六百三十五葉）	詩傳大全（十二本九百九葉）
春秋傳（四本四百四十葉）	春秋大全（十八本一千四百五十九葉）
禮記（八本一千六十葉）	禮記大全（十八本一千二百五十九葉）
孝經（一本十六葉）	達達字孝經（一本四十二葉）
孝經直解（一百三十六葉）	孝經大義（一本四十三葉）
大學（一本三十六葉）	中庸（一本五十六葉）
四書集註（十本八百二十葉）	四書直解（二十六本一千八百四十葉）
四書大全（二十本一千五百九十九葉）	尚書孝經大學中庸（五本三百三十六葉）
爾雅埤雅（四本三百九十七葉）	玉篇（二本三百十五葉）
廣韻（二本三百五十五葉）	經史海篇直音（五本五百十二葉）

〔註31〕嚴一萍，〈重印正統道藏記〉，《正統道藏》，（臺北：商務印書館，1962）。
〔註32〕清·孫承澤，《春明夢餘錄》卷七，〈正殿〉，頁81。

洪武正韻（五本五百葉）	洪武正韻玉鍵（二本一百三十葉）
經書音釋（二本一百五十八葉）	草訣百韻（一本十四葉）
草訣百韻歌（一本四十葉）	草韻辨體（六本二百七十葉）
許氏說文（八本六百五十葉）	華夷譯語（一本八十八葉）
增定華夷譯語（十一本一千七百八葉）	古字便覽（一本五十二葉）
八行遺字集（一本二十八葉）	八行圖說（一本四十一葉）
眞字碎金（一本九十二葉）	草字碎金（一本九十二葉）

史　　部	
歷代紀年（一本三十六葉）	少微通鑑節要（二十本一千四百三十八葉）
資治通鑑綱目（四十本四千一百葉）	晏宏資治通鑑綱目（三十本四千零三十葉）
續資治通鑑綱目（十四本一千一百二十二葉）	資治通鑑節要續編（二十本一千六百八十三葉）
歷代通鑑纂要（六十本三千六百三十二棄）	通鑑直解（二十五本一千四十二葉）
三國志通俗演義（二十四本二千二百五十葉）	貞觀政要（六本三百七十葉）
歷代名臣奏議（一百五十本九千九百二十葉）	大明官制（二本三百十葉）
諸司職掌（三本四百二十八葉）	文獻通考（一百本一萬八百三十六葉）
大明會典（一百四十本六千五百九十葉）	洪武禮制（一本八十二葉）
明倫大典（二十四本七百二十葉）	大明集禮（三十六本二千四百七十六葉）
皇明典禮（一本九十五葉）	勤政要典（一本七十三葉）
御製大誥（四本二百五十三葉）	大明律（二本二百七葉）
憲綱（一本五十葉）	皇明祖訓（一本五十葉）
祖訓條章（一本十二葉）	稽古定制（一本八十一葉）
歷代臣鑒（十本五百六十葉）	外戚事鑑（一本六十八葉）
昭鑒錄（一本一百五十三葉）	省躬錄（一本七十二葉）
列女傳（三本一百二十五葉）	高皇后傳（一本四十七葉）
大明一統志（四十本三千四百五十葉）	通鑑博論（三本二百九十葉）
評史心見（六本三百五十葉）	

子　　部	
孔子家語（三本一百四十四葉）	劉向新序（三本一百四十二葉）
劉向說苑（五本三百二十五葉）	大學衍義（二十本一千三百八十八葉）
大學衍義補（四十本三千六百葉）	高皇帝道德經註解（一本六十九葉）
通書大全（八本九百九十葉）	聖學心法（四本三百十五葉）
五倫書（六十二本一千七百一葉）	明心寶鑑（二本一百十五葉）
女訓（一本四十九葉）	內訓（一本五十一葉）
內令（一本十二葉）	內則詩（一本六十二葉）
女誡直解（一本四十八葉）	曹大家女訓（一本十六葉）
鄭氏女孝經（一本四十二葉）	慈聖宣文皇后女鑑（一本六十九葉）
仁孝皇后勸善書（十本八百七十六葉）	忠經（一本四十二葉）
忠經直解（一本十六葉）	四書白文（三本二百四十葉）
小四書（三本二百四十葉）	啓蒙集（一本四十葉）
啓蒙書法（即永字八法）（一本二十一葉）	四言雜字（一本十二葉）
七言雜字（一本十三葉）	千字文（一本十七葉）
釋文三註（千字文七十一葉，胡曾詩九十九葉，蒙求一百四十五葉）	千家姓（一本三百九十三葉）
小學書解（一本一百六葉）	百家姓（一本十葉）
三字經（一本二十六葉）	醫按書（一本三十二葉）
重刻證類本草（十本一千二百四十五葉）	醫要集覽（六本二百八十葉）
飲膳正要（三本二百七十五葉）	臞仙肘後神樞（二本一百六十八葉）
臞仙肘後經（一本一百十二葉）	選擇曆書（二本二百五十六葉）
詳明算法（一本一百十葉）	周易占法（二本二百四十葉）
居家必用（十本八百八十葉）	傳心妙訣（一本四十五葉）
玉匣記（一本八十二葉）	山居四要（一本八十三葉）
爲善陰隲（四本三百七十二葉）	隨機應化錄（一本六十葉）
警世篇（一本三十葉）	帝鑑圖說（六本三百五十六葉）
周公解夢書大全（二本七十葉）	養生類纂（五本一百九十七葉）
勸忍百箴（四本三百葉）	對類（十二本八百七十三葉）

詩學大成（十四本一千葉）	事文類聚（一百三十本八千三百六十葉）
太上感應篇（一本九十二葉）	釋氏源流應化事蹟（四本四百四十葉）
佛經一藏（六百七十八函十八萬八十二葉）	道經一藏（五百二十函十二萬一千五百八十九葉）
番經一藏（一百四十七函十五萬七十四葉）	
大 五 大 部 經	
華嚴經（八十本）	大涅槃經（四十二本）
報恩經（七本）	金光明經（十本）
心地觀經（八本）	
小 五 大 部 經	
法華經（七本）	楞嚴經（十本）
佛母大孔雀經（三本）	地藏經（三本）
梁皇懺經（十七本）	
五 般 經	
圓覺經（三本）	彌陀經（一本）
諸品經咒金剛經注解（一本一百四十七葉）	華嚴小鈔（一百十七本三千二百十八葉）
諸眞寶懺（十二本）	
小道經一部	

集 部	
李白詩（四本六百六葉）	呂眞人文集（二本二百四十葉）
御製文集（八本七百十三葉）	御製詩集（二本八十四葉）
草堂詩餘（二本一百九十葉）	恩紀含春堂詩（二本四百四十葉）
雍熙樂府（二十本一千七百五十三葉）	千家詩（一本四十四葉）
選詩補註（三本三百十二葉）	唐詩鼓吹（五本二百六十六葉）
唐賢三體詩（二本一百七十二葉）	神童詩（一本二十葉）
祥異賦（一本四十九葉）	古文眞寶（四本三百九十一葉）
古文精粹（二本二百五十六葉）	擊壤集（四本三百五十葉）
步天歌（一本八葉）	四時歌曲（一本十一葉）
山歌（一本四葉）	

第二節 國子監刻書

一、國子監建置與職掌

　　明代國學乃合唐宋「國子監」、「國子學」、「太學」之編制而成，稱為「國子監」〔註33〕，為中央最高官學，永樂十九年（1421）以後有南、北國子監之分，一在應天府（南京）；一在順天府（北京）。

　　明太祖初即吳王位時（1367），已訂定國子學官制，包括祭酒、司業、博士、典簿、助教、學正、學錄等七種學官，並首先令國子博士與國子助教於內府教學。〔註34〕次年，於元代集慶路儒學舊址設置「國子學」，增設典樂、典書、典膳等官。〔註35〕太祖即位後，學生日漸增多，齋舍不足容納，曾兩次增築學舍，以改善國學擁擠現象。洪武十四年（1381）太祖下詔改建國子學於雞鳴山之陽，國學規模大為擴充。十五年（1382）三月改「國子學」為「國子監」，此即明代之「南京國子監」（見圖二），又稱「南雍」〔註36〕，舊國子學則改為「應天府學」。明初國子學規模僅足容一郡大小之生徒，而新成立之國子監則「式廓靚深，制度大備」。〔註37〕廿六年（1393）廢「中都國子學」（設於洪武八年），併其監生入南雍，因此洪武末年國子監生徒驟增。

　　「北京國子監」，位於京城東北，原為元之舊學，太祖時改為北平郡學〔註38〕。民祖永樂初年又將北平郡學改為「北京國子監」（見圖三），即所謂之「北雍」，至十九年（1421）遷入新都後，再改「北京國子監」為「國子監」。

　　自成祖移都北京後，所有政府各衙門均隨之遷入京師，南京所賸僅為駢枝機構，存其名而無實權。惟南雍例外，監內各官職與北雍俱相同，實則北雍職官制度均師法南雍之故。洪武十四年（1381）重定學官品秩，增置監丞、典籍二官，其制如下：祭酒（一人）從四品，司業（二人）正八品；監丞（二人）正八品；博士（五人）、助教（十五人）、典簿（一人）俱從八品；學正（十人）正九品；學錄（七人）、典

〔註33〕林麗月，《明代國子監生》（臺北：東吳大學學術著作獎助委員會出版），頁4。

〔註34〕《明太祖實錄》卷廿六。

〔註35〕明・黃佐，《南雍志》卷一，明嘉靖廿三年黃佐序刊本。

〔註36〕「南雍」，言其為南京之辟雍也。辟雍為古代大學名。按周代有「上庠」、「東序」、「辟雍」、「成均」、「瞽宗」五個大學。孫詒讓於《國禮周官正義》引鄭鍔云：「周五學，中曰辟雍，環之以水，水南為成均，水北為上庠，水東為東序，水西為瞽宗。」又引金鶚云：「五學以辟雍居中為最尊，成均在南亦尊，故統五學名可為辟雍，亦統五學名可為成均。」後世多以天子設立之大學稱辟雍。雍亦可作廱。

〔註37〕明・黃佐，《南雍志》卷七。

〔註38〕清・孫承澤，《春明夢餘錄》卷五十四，頁855。

籍（一人）俱從九品；掌饌（二人）司雜務。〔註39〕洪武卅二年（1399）曾革去學正、學錄二官，永樂時又復其職。永樂初年國子監官設置為：祭酒一人，司業一人，監丞一人，典簿一人，博士五人，助教十五人，學正十人，學錄七人，典籍一人，掌饌一人。〔註40〕永樂以後各官人數偶有異動，然皆不出此定制。

國子監各官之職掌，略述如后：〔註41〕

（一）堂上官二員

祭酒一人，從四品階。主要督導監生明體達用，及政令之訓課，使生徒皆能通曉大義，敬業樂群。其職與今日大學校長頗相類似。

司業一人，正六品階。主掌監生平日課業與背書，及參加翰林院考試。

（二）繩愆廳

監丞一人，正八品階。主掌繩愆廳之事，參領監務。凡師生怠職，及廩膳之不潔等，則負責糾懲並紀錄入簿。

（三）首領官

典簿一人，從八品階，主掌公文傳送、財物出納與支受等事。

（四）屬官卅九員

博士五人，從八品階，主掌課業講授，凡有五經，一人專授一經，兼講《大學》、《中庸》、《論語》、《孟子》等科目。

助教十五人，從八品階；學正十人，正九品階；學錄七人，從九品階，分掌六堂之教誨〔註33〕，如講說經義文字，約束監生以規矩等。

典籍一人，從九品階，主掌監內書籍、書板之印刷與出版。

典膳一人，未入流，主掌飲饌。

以上是國子監各學官之職掌情形。

二、「典籍官」及「載道所」

「典籍」為現代國子監掌管古今經籍圖書之官，相當於宋代館閣之職任。宋代崇文院有三館一閣掌理圖書〔註43〕，明代則於翰林院及兩京國子監下各設有一「典籍」官，翰林院典籍司文淵閣之藏書；兩京國子監之典籍，則負責監內各種圖書印

〔註39〕明‧黃佐，《南雍志》卷一。
〔註40〕明‧郭鏜，《皇明太學志》卷一，〈典制〉上，明嘉靖卅六年刊本。
〔註41〕前引書，頁38，及《明史‧職官志二》。
〔註33〕六堂分別為：廣業堂、正義堂、修道堂、崇志堂、誠心堂、率性堂。
〔註43〕三館一閣為：集賢館、史館、昭文館及秘閣。

刷與出版。

「典籍」官設置於洪武十四年，其前身乃爲洪武前二年（元至正廿五年，1635）增置之「典書」官。「典籍」官位卑而任重，就兩雍典籍之品秩而論，爲從九品階，僅比管理膳食之「典膳」官高一等外，較監內任何一職皆低微。品秩雖不高，其職掌之任務卻關乎國家之經綸典故、古今圖書文獻之命脈。

丘濬（1420～1495）對於古今典籍之徵集與保存有深刻的關注，他在進呈所著《大學衍義補》後不久上〈訪求遺書疏〉，指出古今經籍的重要，丘濬云：

> 惟經籍在天地間爲生人之元氣，紀往古而示來今，不可一日無者，無之則生人貿貿然，如在冥塗中行矣。〔註44〕

丘濬建議應持續徵集圖書，並以修補、謄抄的方式延續圖書的生命。同時，他也指出兩京國子監之典籍未能充分發揮功能，未盡保存國家圖書文化之責任，所設官職形同虛設，如云：

> 今翰林院秘藏皆在文淵閣，其典籍固有所職掌，惟兩京太學典籍，幾於虛設……今幸國家無事，天子崇儒右文之時，忍思古昔聖賢垂世立教之言，載道爲治之具，傳之千百年者，一旦不幸，或有意外之變，乃至於今而泯盡，豈不貽千古之永嘆哉。〔註45〕

丘濬以爲國家經典要防範意外之災，才不致有喪失之虞，應多造副本，此項工作則應由國子監典籍負責，因此建議：

> 請敕內閣儒臣將南北兩京文淵閣書籍，凡有副本於南京內閣及兩監分貯一本，其無者將本書發下兩監，敕祭酒司業行取監生抄錄，給與人匠紙筆，責令各堂教官校對，不限年月陸續付本監典籍掌管，如此則一書而有數本，藏貯又有異所，永無踈失之虞矣。〔註46〕

由於明時宮室建築多爲木造，經常燬於祝融，故丘濬耽憂古今典籍泯於當代，遂建議應多謄造副本，並由國子監典籍負起保存文化之重任。

此外，祭酒張位（隆慶二年進士）亦論及國子監典籍之職，神宗萬曆十二年（1584）張位上疏曰：

> 儲經籍以備教典，夫太學設典籍之官，今無其實，而徒存掌故也。臣切惑之，經術爲教化之源，辟雍乃圖書之府，自昔辨謬證譌，必以秘書及

〔註44〕明·丘濬，〈訪求遺書疏〉，《丘文莊公奏疏》（《明經世文編》卷76，北京：中華，1997），頁649～650。
〔註45〕明·郭鎜，《皇明太學志》卷九，〈議論〉上。
〔註46〕同前註。

監本爲據，蓋內府所藏者，天祿之舊，而大學所貯者，則明經之遺也，先
臣丘濬、童承敘等，屢以爲請，因循至今遺失者甚。〔註47〕

張位特申明太學爲圖書之府，不應只徒存舊有，應將重要經史之書鏤板刷印，
善加校訂，以求善本，並廣徵內府、衙門及各地郡邑刊刻之書，存入典籍之下。故
又云：

臣謂南監有《十七史》，而《十三經注疏》無善本，容臣等率屬訂較，
工部給資，鏤梓於監，可爲明經造士之助。內府凡有板者，乞各賜一帙，
在京衙門條例等書，盡令刷送，在外郡邑刊刻諸書，責令人覲進表，官員
順便齎投載籍，既完，教育有具，則遺書無湮沒之虞，而典籍亦非虛曠之
官矣。〔註48〕

蓋「典籍」一職乃掌理國家經典圖籍之任，明代唯翰林院、南北兩京國子監各設一
員，僅此三員而已，以其職位卑微，要使之能盡理古今典籍，綜括梓刻、印板及典
藏保管等重責大任，誠非易事。又明代宮室常焚於祝融，稍有不愼，書板則盡燬於
一旦，故「典籍」職任難臻於理想之境。

典籍處所位於太學之東北角（見圖四），凡有五廳，另有一處專爲梓刻書籍及貯
藏書板之用，稱爲「載道所」，《皇明太學志》卷八〈政事〉下云：

典籍別有廳掌太學一應書籍板刻，藏書板庫，相傳曰載道所，凡國朝
御製諸書及頒降各經史子集，俱以類分櫝而謹藏之。〔註49〕

載道所位於典籍廳附近，亦有五間，貯藏經史子集諸書，皇帝製書及各項書板。
這些書板有自四方蒐集來者，有監內自刻者，書板多以木板雕造，亦有少數以石板
鐫刻。〔註50〕孝宗弘治四年（1491）南監祭酒謝鐸（1435～1510）鑑於監內書庫既
狹隘偏陋，又處於卑溼之地，易加速書板之朽壞，於是奏請孝宗改建樓房，以樓上
作爲庋藏書籍印板之所，樓下作爲梓刻刷印之局，並制定妥善管理之方，俾使書板
不致污壞散漫，以增益教化之功用。〔註51〕其後實施情形，如弘治十四年（1501）
設置書廚於載道所，一間一個書廚，共有五廚，以之貯放書籍與書板。五廚分別爲
紅書廚一個，黑書廚四個，紅書廚貯藏制書及書板，因位居五廚之中，又稱「中紅
廚」，黑書廚貯經史子集諸書及書板，位於中紅廚之左邊二廚分置經書、子書及書板，

〔註47〕明・黃儒炳，《續南雍志》卷四，（明天啓六年南監刊本）。

〔註48〕明・黃儒炳，前引書，卷四。

〔註49〕明・郭鑾，《皇明太學志》卷八，〈政事〉下。

〔註50〕明・郭鑾，前引書，卷二，〈典制〉下。

〔註51〕明・黃佐，《南雍志》卷四。

右邊二廚分置史部、集部圖書及書板。至嘉靖卅六年（1557）重修五廚，復增五個版架，以防書板散佚。

除載道所有書廚、版架外，監內另有幾處亦設置廚櫃，裝載書籍與書板，其擺設情形如下：東廂有書廚一座、書架一個；西廂有書廚一座、書架三個；博士廳有書櫃一座；藏用庫有書廚一座、版櫃二個。〔註52〕

典籍廳對於印板、書籍及紙張使用情形，皆作妥善管理，如有「經籍書板簿」以登錄載道所之書板貯藏情形，凡損壞、廢缺者或已委官修補者，皆詳錄於簿中。每歲夏季，典籍廳重新一一點檢載道所中藏板，督導廳中工匠取出曝晒，缺損之板則稟監修補，完好之板則再行刷印。為嚴防書板流失，尚設有定制，以維護書板缺遺。〔註53〕除經籍書板立簿備查外，亦將監內各廂廳堂人員取閱經籍情形，印造國子監規所用紙張與印成數目，以及各項所需紙料之數量等皆建立簿錄，以備查詢點核〔註54〕，由這些簿記資料，不難看出明代國子監刻書印刷之梗概。

三、南京國子監刻書

南監刻書工作，修補舊板勝於梓刻新書。南監貯有許多宋元兩代遺留之舊書板，由於書板太多且歷經二、三百年之久，大多漫漶不全，故南監屢加修補，延續書板流傳，又因宋板校勘精審，明人多以善本稱之，此亦南監修板主要原因之一。梓刻書籍方面，則為刊印制書及監內需要之各種書籍。

茲就南監修補舊板及鐫刻新書兩點分述於后：

（一）修補舊板

南京國子監所藏宋元書板之來源，包括南宋臨安國子監書板，但這些書板係從江浙各州郡刊刻入藏，並非南宋國子監原刻，其成分複雜，每有殘缺。至元代設立集慶路儒學於金陵，將南宋國子監書板收入臨安的西湖書院，重新加以修補，繼續刷印。明初定鼎金陵，洪武八年（1375）將西湖書院書板悉數移入南京國子監，此後又陸續修補之。由於書板迭經宋元明三代遞次修補，故後來藏書家稱此種板印之書為「三朝本」。南監修補書板約可分為三個時期，第一期自洪武迄弘治之間；第二期為正德、嘉靖年間；第三期自萬曆迄明末。

第一期為明代前半期，大約自洪武迄弘治年間。此時期曾多次修補書板，先是洪武、永樂兩朝各修補一次。洪武十五年（1382）太祖見國子監舊板多已殘闕，遂

〔註52〕明‧郭鎜，《皇明太學志》卷二，〈典制〉下。
〔註53〕明‧郭鎜，前引書，卷八，〈政事〉下。
〔註54〕同前註。

下令監中儒者考補，命工部督導工匠修治〔註55〕，永樂二年（1404）二月復行修補，
然而板既雜亂，又每為刷印匠盜竊作為刊刻他書之材料以取利，故旋補旋亡。〔註56〕
宣德六年（1431）九月因禮部尚書張瑛上言論及南監之闕板，宣宗因命南京工部修
補。〔註57〕正統六年（1441）南監祭酒陳敬宗以《文獻通考》等典章制度之書為朝
廷必備，不宜擱置損闕，乃請禮部委官盤點，並由工部委官帶匠計料修補。〔註58〕
至成化初，祭酒王懊統計諸書損失的數量，已逾兩萬餘片書板，是時御史董倫則以
贓犯之贖金，充做修補書板之費用，弘治初年並營建庫樓貯之。

　　第二期為正德、嘉靖年間。此時期以修補歷代正史書板為主。正德間僅稍略修
補，如正德元年（1506）修補之書有：元慶元路板之《玉海》、南監板《急就篇注》
等；正德十年修補之書有元板集慶路刊《晉書》、瑞州路刊《隋書》等。重要修補工
作是在嘉靖年間，嘉靖初年南監祭酒湛若水（1466～1560）與司業江汝璧二人，於
暇日取《廿一史》刪校譌謬，疏請頒刻未果，然經史之學，因此一時為之大明，至
七年（1528）錦衣衛千戶沈麟復奏請校勘歷代史書，刊布天下，以江南富民之家多
蓄有宋板，宜命官購索付梓，世宗以為差官購索未便，轉令南京禮工二部取南監舊
板修補刊印。〔註59〕當時南京國子監貯有《十七史》舊板，其中南宋國子監板者為：
《史記》、南北朝《七史》；元集慶路儒學梓刻板者為：《前漢書》、《後漢書》、《晉書》、
《隋書》、《南史》、《北史》、《唐書》、《五代史》。另《宋》、《遼》、《金》、《元》四史
為明刊本，與《十七史》合稱為《廿一史》。《宋史》取成化間廣州刻板，《遼》《金》
二史購求善本翻刻，《元史》則取洪武三年之敕修本。茲將嘉靖間《廿一史》修補及
刊印情形，據《南雍志·經籍考》所載列表於下：

書　名	板　本	修補年代	存板情形
大字史記　一三〇卷	南宋紹興年間淮南轉運司刊本	嘉靖七年重刊	板完好 凡二千二百卅五面
中字史記　七〇卷	南宋翻北宋監本	嘉靖七年重刊	存一千六百面 缺二百一十九面
前漢書　一〇〇卷	南宋紹興國子監刊本	嘉靖七年重刊	板完好 二千七百七十五面
後漢書　一二七卷	元大德九年太平路刊本	嘉靖七年重刊	板完好 二千三百六十六面

〔註55〕《明太祖實錄》卷一五〇。
〔註56〕明·梅鷟，《南雍志·經籍考》，卷十八。
〔註57〕《明宣宗實錄》卷八三。
〔註58〕明·郭鎜《皇明太學志》卷九，〈議論〉上。
〔註59〕明·黃儒炳，《續南雍志》卷十七。

三國志　六五卷	南宋衢州刊本、元大德十年池州路儒學刊本	嘉靖九年修補	存一千二百九十二面 缺六面
晉書　一三○卷	元大德間集慶路儒學刊本	嘉靖九年修補	存三千一百五十二面 缺十三面
宋書　一○○卷	南宋監本	嘉靖九年修補	存二千七百一十四面 缺二面
梁書　五六卷	南宋監本	嘉靖十年修補	存九百六十七面 缺三面
南齊書　五九卷	南宋監本	嘉靖十年修補	存一千零五十八面 缺三面
陳書　三六卷	南宋監本	嘉靖九年修補	存五百四十八面 缺八面
魏書　一二四卷	南宋監本	嘉靖八年修補	存三千三百八十二面 缺三面
北齊書　五○卷	南宋監本	嘉靖十年修補	存七百零十四面 缺二面
後周書　五○卷	南宋監本	嘉靖十年修補	存八百七十二面 缺五面
隋書　八五卷	元饒州路儒學刊本	嘉靖八年修補	存一千六百九十四面 缺卅七面
南史　八○卷	元大德十年信州路儒學刊本	嘉靖八年修補	存一千六百四十三面 缺一百卅面
北史　一○○卷	元大德十年信州路儒學刊本	嘉靖八年修補	存二千六百七十六面 缺四十五面
唐書　二一五卷 附釋音二五卷	元大德間建康路儒學刊本	嘉靖八年修補	存四千七百九十六面 缺八十五面
五代史　七五卷	元大德間集慶路儒學刊本	嘉靖八年修補	完好 七百六十三面
宋史　四九一卷	明成化十六年巡撫兩廣都御史朱英刻於廣州	嘉靖八年板送監修補	好板七千七百零四面 裂損模糊二千零四十三面 失一百廿七面
遼史　一一五卷	明南京國子監刊本	嘉靖七、八年新刊	存一千零卅五面 失三面
金史　一三五卷	明南京國子監刊本	嘉靖七、八年新刊	完好 二千三百九十八面
元史　二○二卷	明洪武三年敕刊	嘉靖十年修補	完好 四千四百七十五面

　　嘉靖七年（1528）南監祭酒張邦奇（1484～1544）、司業江汝璧等奏稱《史記》、《前後漢書》之書板殘缺模糊，原板薄脆，剜修隨即脫落，莫若重刊，又自江南吳下購得《遼》、《金》二史，亦請刊刻。世宗遂命張邦奇等校刊《廿一史》，並自順天府收貯變賣庵寺的銀錢七百兩，撥於南監做為修補舊板之用，當時僅《遼史》、《金史》二書所用之工價銀為一千一百七十五兩四錢七分，刷印等費用尚不在數內，其餘十五史耗費之多可想而知。越二年，邦奇、汝璧等因陞遷去位，新任祭酒林文俊、司業張星繼之，文俊親率監生日夜讎校修補，不數月鋟梓完成上獻，後來世宗每御文華殿觀覽史書，常喜示臣曰：「此祭酒林文俊所刊書也。」〔註60〕按《廿一史》修補工程自嘉靖七年迄十一年七月完成。

　　第三期修補為萬曆至明末。此間多就嘉靖時流傳《廿一史》書板再行修補。以目前收藏於臺北國家圖書館之三朝本《晉書》為例，其本版本係元大德集慶路儒學刊，歷經明嘉靖九、十、卅七年，及萬曆二至五、七、十年等陸續修補本。明末時書板殘損散佚情況甚為嚴重，天啓二年（1622）南監祭酒黃儒炳受命維護書板，遂再興修輯之役，與司業葉燦、學錄葛大同等將《廿一史》藏板，重加訂正訛謬，修補殘蝕，缺板者亦購求善本修補之，以成全璧，其中以《後漢書》、《元史》書板殘缺嚴重，修補工費頗鉅。〔註61〕以下就《續南雍志‧經籍考》所載明末南監修補《廿一史》之情形，表列如下：

書　名	書　　　板	存板處	修　　　補
史記	全	西庫	萬曆三年刊，萬曆廿四年七月祭酒馮夢禎、司業黃汝良重刊。
前漢書	全	東庫	萬曆十年祭酒高啓愚、司業劉珹修。
後漢書	原五二三二面多已殘缺模糊	東庫	萬曆廿四年南監刊，天啓三年祭酒黃儒炳、司業葉燦修。
三國志	全	西庫	萬曆廿四年五月祭酒馮夢禎、司業黃汝良重刊並修補。
晉書	全	東庫	萬曆十年祭酒高啓愚、司業劉珹修。
宋書	全	東庫	萬曆廿二年祭酒陸可教、司業馮夢禎、季道統重刊。
梁書	全	東庫	萬曆三年刊，萬曆五年三月祭酒余有丁、司業周子義重刊。

〔註60〕明‧黃儒炳，《續南雍志》卷二。
〔註61〕明‧黃儒炳，前引書，卷九、十七。

南齊書	全		萬曆十八年三月祭酒趙用賢、司業張一桂重刊。
陳書	全	西庫	萬曆十六年五月祭酒趙用賢、司業余孟麟修。
魏書	全		萬曆廿四年祭酒馮夢禎、司業黃汝良修。
北齊書	全	西庫	萬曆十八年三月祭酒趙用賢、司業張一桂修。
後周書	全	西庫	萬曆十六年五月祭酒趙用賢、司業余孟麟修。
隋書	全	東庫	萬曆廿三年司業季道統修。
南史	全	西庫	萬曆十八年三月祭酒趙用賢、司業張一桂修。
北史	全		萬曆廿一年祭酒鄧以讚、司業劉應秋修。
唐書	全	西庫	萬曆五年三月祭酒余有丁、司業周子義修。
五代史	全	東庫	萬曆五年三月祭酒余有丁、司業周子義修。
宋史	一萬一千五百六十四面缺十二葉	西庫	天啓三年祭酒黃儒炳、司業葉燦修。
金史	二千三百六十面	西庫	天啓三年祭酒黃儒炳、司業葉燦修。
遼史	一千零十七面	西庫	天啓三年祭酒黃儒炳、司業葉燦修。
元史	原四千四百七十五面欠板模糊甚多	西庫	天啓三年祭酒黃儒炳、司業葉燦修。

　　茲將南監自元代杭州西湖書院接收之書，整理表列於下：（依據王國維《西湖書院考‧元西湖書院重要書目》及梅鷟《南雍志‧經籍考》整理而成）

附：西湖書院存入南監之書板一覽表

經　部

元西湖書院著錄之書名	書板年代	南宋監本著錄之書名	《南雍志》著錄之書名	存板情形
易注疏	宋板	周易正義十三卷	周易注疏十三卷	好板一四二面 壞板一九面 遺失二一四面
易程氏傳	宋板	周易程氏傳六卷	周易程氏傳五卷	好板二〇面 壞板八二面
易復齋說	宋板	復齋易說六卷	復齋易說六卷	存三九面
書注疏	宋板	尚書正義廿卷	尚書小字注疏廿卷	好板九九面 失一五面
穀梁注疏	宋板	穀梁單疏十二卷	春秋穀梁傳疏十二卷	好板一一四面 失八七面
論語注疏	宋板	論語單疏十卷	論語注疏十五卷	存殘板九面

儀禮經傳	宋板	儀禮經傳通解廿三卷 儀禮經傳續通解廿九卷	儀禮經傳通解廿三卷 儀禮經傳續通解廿九卷	好板三二○面 壞板四六四面
春秋左傳註	宋板	春秋經傳集解卅卷	春秋經傳集解卅卷	殘板三面
春秋左傳疏	宋板	春秋正義卅六卷	春秋正義卅六卷	好板二四一面，壞板五四一面，失四二七面
公羊注疏	宋板	公羊單疏卅卷	春秋公羊疏卅卷	存一九七面
孝經注疏	宋板	孝經單疏三卷	孝經注疏一卷	存二一四面
論孟集註	元板		論孟集註考證廿卷	好板九三面 壞板十八面 缺卅二面
大學衍義	宋板	大學衍義四十三卷	大學衍義四十三卷	脫者二面 存者八五三面
國語注補音	宋板	國語廿卷 補音三卷	國語廿卷 補音三卷	存三六○面 破六面
春秋高氏解	元板		呂氏春秋廿六卷	存三六三面 半損一六面 失五面
禮儀注疏	宋板	儀禮單疏五十卷	儀禮注疏五十卷	殘五面
儀禮集說	元板		儀禮集說十七卷	存七八一面 欠五九面
文公家禮	宋板	文公家禮四卷	文公家禮四卷	存一○六面 模糊八面 失三四面
經典釋文	宋板	經典釋文卅卷	尚書釋文一卷 毛詩音義二卷	亡
爾雅古注	宋板	爾雅郭璞注三卷	爾雅三卷	存二○面
爾雅注疏	宋板	爾雅單疏十卷	爾雅注疏十卷	存廿九面
說文解字	宋板	說文解字	說文解字十五卷	脫者五十五面 存二一四面
禮部韻略	宋板	禮部韻略	禮部韻十卷	存一○八面 壞廿四面 欠者五十四面
博古圖	元板		博古圖卅卷	存一一一七面 脫十四面
文公小學書	宋板		小學白文四卷	存五十八面 脫卅二面

史　部

元西湖書院著錄之書名	書板年代	南宋監本著錄之書名	《南雍志》著錄之書名	存板情形
大字史記	宋板		史記大字一百卅卷	
中字史記	宋板		史記中字七十卷	註：南宋翻刻北宋監本，明景泰年間重修。
南齊書	宋板		南齊書五十九卷	存一〇五八面 缺三面
北齊書	宋板		北齊書五十卷	存七〇四面 缺二面
宋書	宋板		宋書一百卷	存二一七四面 缺二面
陳書	宋板		陳書卅六卷	存五四八面 缺八面
梁書	宋板		梁書五十六卷	存九六七面 缺三面
周書	宋板		周書五十卷	存八七二面 缺五面
後魏書	宋板		後魏書一百廿四卷	存三三八二面 失三面
刑統注疏	宋板	刑統卅卷	唐刑統卅卷	存廿八面
通鑑外紀	宋板		資治通鑑外紀十六卷	脫八十餘面 存三四六面 損十七面
資治通鑑	宋板	資治通鑑三百九十四卷	資治通鑑三百九十四卷	好板一二四五面 壞板二九一一面 考異卅卷 存四十二面
武侯傳	宋板		諸葛武侯傳一卷	存三面
通鑑綱目	宋板	通鑑綱目五十九卷凡例一卷	通鑑綱目五十九卷凡例一卷	好板一〇三七面 壞板五六面 半破五二面
子由古史	宋板	子由古史五十卷	子由古史五十卷	脫四十七面 存五六五面

子　部

元西湖書院 著錄之書名	書板 年代	南宋監本 著錄之書名	《南雍志》 著錄之書名	存板情形
顏子	板本不明		顏子一卷	脫廿二面 存四十三面
曾子	板本不明		曾子二卷	殘板四面
列子	宋板		列子八卷	殘板八面
揚子	宋板		揚子法言五卷	亡
太玄集注	板本不明		集註太玄經五卷	存二一一面
百將傳	板本不明		百將傳十卷	壞板一百餘面 註：《南雍志》入史部
新序	板本不明		劉向新序十卷	亡

集　部

元西湖書院 著錄之書名	書板 年代	南宋監本 著錄之書名	《南雍志》 著錄之書名	存板情形
文選六臣注	板本不明		文選六十卷	好板六四八面 壞板一千餘面
晦庵大全集	元板		晦庵文集九十九卷	好板四二二八面 失四九八面
宋文鑑	宋板		文鑑	板模糊難校

（二）監內自刻書

　　南監自刻之書有御製書及經史子集諸書，據《南雍志・經籍考》記載，嘉靖年間國子監助教梅鷟查校南監梓刻書籍及板數，凡有九類，一曰制書，二曰經類，三曰子類，四曰史記，五曰文集類，六曰類書類，七曰韻書類，八曰雜書類，九曰石刻類。南監曾欲刻《十三經注疏》，然終未能實現，嘉靖中翰林院孔目何良俊，見南監舊刻《十三經注疏》殘闕已多，存板亦模糊不可讀，而當時閩刻本訛舛不少，遂與趙大周力勸南監司業朱文石重刻是書，並以南京通贓罰銀數千為刻書之用，何良俊校勘《周易》方畢，適朱文石解官離去，祭酒間意見不同，刻書之事只得作罷，此項銀錢乃移作《廿一史》修板費。〔註62〕後刊刻《十三經注疏》為北監完成。

〔註62〕明・何長俊，《四友齋叢說》卷三，收入《百部叢書集成》十六，《紀錄彙編》第十一函（台北：藝文印書館，1966）。

下表爲嘉靖二十二年（《南雍志》成書之年）梅鷟查校南監書籍及書板之情形，以下書名前有「S」記號者爲宋板，有「Y」記號者爲元板，餘皆爲明南監刻本。

制　書　類	
監規一卷　全	大誥一卷　全
大誥續編一卷　板全仍尾未終	大誥三編一卷　缺一面
大誥武臣一卷　缺一面	大明令一卷　缺一面
洪武禮制一卷　缺一面	大明律三十卷　存二面
教民榜一卷　全	資世通訓一卷　缺八面 存八面
存心錄十卷　存四百五十八面 缺三面	洪武正韻十六卷　存四百十八面 破十五面 脫四十一面
洪武正韻小字十六卷　存一百四十一面 破十面	孝慈錄一卷　存三十八面 缺一面
稽古定制一卷　全	禮儀定式一卷　全
御製帝訓一卷　全	御製官箴一卷　全
古今列女傳三卷　存一百零四面 缺七面	

經　書　類	
S 周易注疏十三卷　好一百四十二面 壞十九面	周易大字注疏六卷　板亡
周易小字注疏九卷　存三十八面	S 周易程式傳五卷　好二十面 壞八十二面
周易本義九卷　不全	周易大字本義九卷　不全
S 復齋易說六卷　存三十九面	周易本說六卷　存九十一面
周易音訓一卷　存八面	尙書注疏二十卷　好一百一十一面 壞四十五面
書傳會選六卷　好二百七十一面 壞十八面 缺一百二十七面	尙書釋文一卷　亡
尙書表註二卷　存四十二面 缺二十九面	書經補遺五卷　亡

S 書經小字注疏二十卷　存九十九面 　　　　　　　　缺九十五面	讀書叢說六卷　存一百零五面 　　　　　　缺三十一面
毛詩注疏二十卷　存七面	毛詩正義一卷　亡
毛詩音義二卷　亡	毛詩集傳二十卷　存五百一十六面
S 春秋正義三十六卷　好二百一十四面 　　　　　　　　失四百二十七面 　　　　　　　　壞五百四十一面	春秋左傳集解三十卷　好四百四十面 　　　　　　　　失四百六十七面 　　　　　　　　壞三十六面
春秋經傳集解廿四卷　存四十三面 　　　　　　　　缺三百四十一面	春秋左傳附釋音二十六卷 　　　　　　好二百二十面 　　　　　　壞三百八十八面
S 春秋公羊疏三十卷　存一百九十七面	S 春秋穀梁疏十二卷　好一百十四面 　　　　　　　　失八十七面
春秋諸國統紀六卷　存一百十六面 　　　　　　　　失十四面	春秋綱領一卷　存四十三面
春秋本義三十卷　存三百四十面	三傳辯疑二十卷　存一百三十九面
春秋或問十卷　存七十三面 　　　　　　失一百八十五面	春秋集註十二卷　亡
S 國語二十一卷補音三卷　存三百八十面 　　　　　　　　破六面	S 儀禮注疏五十卷　存五面
新刊儀禮注疏十七卷　全	S 儀禮經傳通解二十三卷　好二百二十面
儀禮經傳續通解廿九卷　壞四百六十面	Y 儀禮集說十七卷　存七百八十一面 　　　　　　　　缺五十九面
大戴禮記十三卷　存八十八面 　　　　　　壞四十三面	S 六經正誤六卷　存一百五十八面
S 孝經注疏一卷　存二十四面	孝經魯齋直解一卷　存一百四十面 　　　　　　　　缺六十餘面
孝經明解一卷　亡	孝經集說一卷　存二十九面 　　　　　　　缺十八面
S 論語注疏十五卷　存九面	論語集註考證二十卷　好九十三面 　　　　　　　　壞十八面 　　　　　　　　缺三十二面
論語旁通二卷　好四十二面	論語旁解二卷　存二十四面
論語明本大字二卷　亡	大學注疏一卷　好三十六面 　　　　　　　壞六面 　　　　　　　缺四十一面

Y 大學魯齋詩解一卷　存八面	大學叢說一卷　好二十六面 壞三面
大學明解一卷　好六十四面	中庸叢說一卷　好六十四面 失十八面
孟子簡明大字二卷　存八十五面 失八十六面	孟子節文二卷　好四十四面 破三面 缺三十六面
孟子旁解七卷　存七十五面 缺八十四面	四書集編十卷　存一百五十九面
S 文公家禮四卷　存一百零六面 壞八面 失三十四面	S 大學衍義四十三卷　存八百五十三面 缺二面

史　類	
S 資治通鑑二百九十四卷 　　　　好一千二百四十五面 　　　　壞二千九百二十一面	資治通鑑考異三十卷　存四十二面
資治通鑑三省註二百九十四卷	釋文辯談十二卷
S 資治通鑑外記十六卷　存三百四十六面 　　　　缺八十餘面	資治通鑑問疑一卷　存十面
S 資治通鑑綱目五十九卷 　　　　好一千零卅七面 　　　　壞五十六面	通鑑綱目凡例一卷
通鑑紀事本末四十二卷　全	通鑑前編十八卷舉要二卷 　　　　存九百八十面 　　　　缺七面
大事記通釋三卷　存十八面 壞四面	S 子由古史五十卷　存五百六十五面 　　　　缺四十七面
戰國策十卷　存五百二十八面 缺十六面	吳越春秋十卷　亡
史記大字一百三十卷　全	Y 史記中字七十卷　存一千六百面 　　　　缺二百十九面
史記小字七十卷　存一千一百六十面	前漢書一百卷　全
後漢書一百二十卷　全	Y 三國志六十五卷　存一千三百九十二面 　　　　缺六面

Y 晉書一百三十卷　存三千一百五十二面　　　缺十三面	S 宋書一百卷　存二千七百十四面　　　缺二面
S 梁書五十六卷　存九百六十七面　　　缺三面	S 南齊書五十九卷　存一千零五十八面　　　缺三面
S 陳書三十六卷　存五百四十八面　　　缺八面	S 魏書一百二十四卷　　　　　　存三千三百八十二面　　　　　　缺三面
S 北齊書五十卷　存七百零十四面　　　缺二面	S 後周書五十卷　存八百七十二面　　　缺五面
Y 隋書八十五卷　存一千六百九十四面　　　缺三十七面	Y 南史八十卷　存一千六百四十三面　　　缺一百三十面
Y 北史一百卷　存二千六百七十六面　　　缺四十五面	Y 唐書二百十五卷釋音二十五卷　　　　　存四千七百九十六面　　　　　缺八十五面
Y 五代史七十五卷　全	宋史四百九十一卷　好七千七百零四面
遼史一百十五卷　存一千零三十五面	金史一百三十五卷　全
元史二百二卷　全	歷代十八史略十卷　存四百四十六面　　　壞四十一面　　　缺六十一面
Y 貞觀政要十卷　存七十八面　　　缺一百二十二面	讀史管見三十卷　存九百零九面　　　缺一百餘面
西漢會要七十卷　存三百四十一面	東漢會要四十卷　好二百三十二面
兩漢詔令十二卷　存一百七十五面	蜀漢本末三卷　存一百五十六卷　　　缺十七面
Y 南唐書十卷　存九十二面　　　缺八十八面	歷代帝王統論一卷　存四面
Y 宋遼金正統辯一卷　存四面　　　缺五面	諸史會編一百十二卷　全
S 諸葛武候傳一卷　存三面	朱子行狀二卷　存四十三面　　　壞二十四卷
將鑑論斷三卷　存三十四面　　　缺十面	百將傳十卷　存壞板一百餘面

子　類	
老子一卷　存三十九面 　　　　缺五面	S 顏子一卷　存四十三面 　　　　缺十二面
S 曾子二卷　存殘板四面	S 列子八卷　存殘板八面
S 荀子十六卷　存三百五十五面 　　　　缺六十四面	呂氏春秋二十六卷　存三百六十三面
S 劉向新序十卷　亡	劉向說苑二十卷　存二百零六面 　　　　缺四十三面
揚子法言五卷　亡	太玄索隱四卷　存四十一面
S 集注太玄經　十二卷　存二百十面	周子太極圖說一卷　存十一面 　　　　缺十面
周子書四卷　好二十一面 　　　　缺九面	程氏遺書并外書　四十一卷
朱子語略十卷　存三百五十二面 　　　　缺十三面	朱子三書三卷　存一百三十四面 　　　　缺十面
S 爾雅注疏十卷　存二十九面	S 爾雅三卷　存二十餘面
近思錄十四卷　全	S 武經七書七卷　存一百一十七面 　　　　壞十五面 　　　　缺三十九面
論衡三十卷　存五百六十面 　　　　缺十二面	白虎通十卷　存六十三面 　　　　缺八十七面
風俗通十卷　存四十九面	小學白文四卷　存五十八面 　　　　缺三十二面
女教四卷　存九十二面 　　　　缺七面	

文　集　類	
楚詞十七卷　存二百十面 　　　　缺二面	樂府詩集一百卷　存一千三百十六面 　　　　缺二十四面
S 文選六十卷　存六百四十八面	歐陽居士文集五十卷　存四百四十七面 　　　　補八十六面乃全
S 晦庵文集九十九卷 　　　存四千二百二十八面 　　　缺四百九十八面	S 宋文鑑一百五十卷　大字板缺 　　　小字板糢糊
宋文鑑一百五十卷　全	文章正宗二十四卷 　　　　存一千一百二十八面 　　　　壞六十五面
續文章正宗二十卷　存五百二十三面 　　　　壞四十六面	周朝文類七十卷　存一千六百面

順齋蒲先生集二十六卷 　　　　　　　存四百三十一面 　　　　　　　缺一百四十一面	陳子庵詩集一卷　亡
羅圭峰文集二十卷　全	圭峰續集五卷　全
陽明文錄八卷　全	懷麓堂藁一百二十卷　全
雅頌正音五卷　存四十三面 　　　　　　缺三十二面	Y曹文貞公集十卷續集三卷 　　　　　　　　存九十一面 　　　　　　　　壞一百二十八面
淮陽獻武王詩一卷　存十五面	檜亭詩藁八卷　存五十四面 　　　　　　　缺四十三面
古廉詩集六卷　存一百六十二面	戴石屏先生詩集十卷　全
白沙詩教　全	

類　　書　　類	
杜氏通典二十卷　全，三千四百面	通志略二百卷　全，一萬三千七百二十四面
文獻通考三百四十八卷　存七百四十一面	禮書一百五十卷　好一百四十八面
樂書二百卷　好一千八十面	玉海二百四卷　存九千五百九十六面 　　　　　　缺四十五面
宋名臣奏議一百五十卷	東策先生讀書記四卷　存五十六面 　　　　　　　　缺四十九面
眞西山讀書記六十卷　存二千八百面	

韻　　書　　類	
S說文解字十五卷　存二百十四面 　　　　　　　缺五十五面	韻府群玉十八卷　全，一千零五十面
禮部韻十卷　存一百零八面 　　　　　壞二十四面 　　　　　缺五十四面	廣韻五卷　好一百三十九面 　　　　　壞三十三面
玉篇三十卷　存一百十七面 　　　　　壞一面 　　　　　缺一百五十六面	增韻一卷　存三面
草韻五卷　存一百八十面 　　　　　破二十面	書學正韻二十卷　存一千五百十四面 　　　　　　　　缺四十五面
六書統二十卷　存七百六十七面 　　　　　　缺三十六面	

雜　書　類	
Y 大觀本草三十二卷　板糢糊	唐刑統三十卷　存八十六面
Y 刑統賦二卷　存四面	S 博古圖三十卷　存一千一百七十面 　　　　　　缺十四面
了齋先生年譜四卷　存十二面 　　　　　　缺六面	困學記聞二十卷　存三百三十三面 　　　　　　缺四十四面 　　　　　　缺七十三面
S 策準三卷　存三百零三面 　　　　缺二十面	晦庵讀書法四卷　存四十三面 　　　　　　壞六面 　　　　　　缺十一面
S 讀書工程三卷　存一百三十二面 　　　　　　缺二十三面	文則一卷　存二十五面 　　　　破一面 　　　　缺二十八面
文法二卷　好四十三面 　　　　壞五面 　　　　缺八面	文髓五卷　存一百十六面 　　　　　缺二十一面
金陀粹編十卷　存三百零三面 　　　　　缺一百五十二面	金陀續編十卷　存三百四十七面 　　　　　缺一百五十八面
平宋錄二卷　存五十七面 　　　　缺九面	Y 修辭鑑衡一卷　亡
Y 憲臺通紀二十三卷　存二百八十五面 　　　　　　缺二百五十八面	臺備記二十二卷　存三百六十四面 　　　　　　缺二百五十八面
牧民忠告二卷　存二十面	Y 風憲忠告一卷　存七面
廟堂忠告一卷　存六面	千家姓一卷　全，五十五面
千字文字帖一卷　全，十三面	九成宮一卷　全，二十二面
夢華錄十卷　存四十九面	南雍條約一卷　全，八面
南雍舊志十八卷　缺二面	南雍志二十四卷
傳習錄二卷　全，一百七十一面	二業合一訓二卷　全，四十九面
聖謨衍一卷　全三十五面	明論新論各一卷　全，九十四面
古文小學九卷　存一百八面	太學燕會詩一卷　存四面
壽俊會詩一卷　存一面	臨川志三十五卷　存八百六十六面
天文志二十四卷　存七百七十四面	景定建康志五十卷　存七百五十九面
金陵新志十五卷　存一千一百六十四面 　　　　　壞九十二面	桂林志二十七卷　存一百五十八面 　　　　　失二百三十九面
漕河通志十四卷　存四百九十六面 　　　　　缺十八面	河防通議一卷　存二十面

壽親養老新書四卷　存二百十一面 　　　　　　　　　壞六面 　　　　　　　　　缺五十六面	Y 救荒活民書八卷　存八十六面 　　　　　　　　　缺四十六面
Y 農桑撮要六卷　存三十面	營造法式三十卷　存殘板六十面
永樂二年登科錄一卷　存六十一面	會稽三賦一卷　存二面
五禮新義撮要一卷　存一面	長安志二十卷　存二面
瑞陽志二十一卷　存八十八面	Y 厚德錄四卷　存六十四面
留都錄五卷　存四面	群書音辯七卷　亡
諭俗編一卷　亡	經渠圖說二卷　亡
祭禮從宜四卷　亡	禮篇二卷　亡
釋文三註十卷　亡	鄉飲酒禮一卷　亡
筭法二卷　亡	洗冤錄五卷　亡
遵道錄二卷　亡	杜環千字文一卷　亡
虞世南千字文一卷　亡	虞世南百家姓一卷　亡
水馬驛程一卷　亡	存古正字一卷　亡
趙子昂千字文一卷　亡	鮮千眞草千字文一卷　亡
心總圖義二卷　全，七十六面	律呂古義二卷　全，一百三十面
南雍申教錄十五卷　全，二百九十四面	太學儀節三卷　全，六十二面
史記　一千九百九十面	五代史　七百九十三面
梁書　七百五十八面	周禮全經　九百三十六面
曲禮全經　全，五百七十四面	子彙　九百四十三面
何大復文集　六百三十面	剡源文集　四百九十八面
大字千字文　二百五十一面	Y 四書集註　四百五十一面
Y 詩經集註　三百四十二面	Y 書經集註　三百零二面
Y 易經傳義　五百十三面	Y 春秋四傳　八百九十三面
Y 禮記集說　七百十八面	爲善陰騭　一百二面
孝順事實　二百一面	御製大誥　四十七面
老子彙證　六十二面	文字讀苑　六十五面
甘泉文集　一千二百六十五面 以下十一部俱湛若水刻于新泉書院	問辨錄　二百二十八面
曲江文集　二百七十六面	新泉志　二百四十九面
參贊行事　一百五十面	大學古本　四十五面
中庸古本　五十四面	揚子折衷　一百二十六面
守潼宣訓　一百八面	大科訓規　四十二面
心統圖說　十八面	

四、北京國子監刻書

　　北京國子監刻書事業，至明中葉始漸興起，稱爲興盛則爲萬曆以後之事，也逐漸取代南監刻書的地位。北監原無舊書藏板，故不似南監有補板刊行圖書之情形。其所刻之書，數量不多，僅約爲南監刻書五分之一而已。

　　北監刻書主要的特點，乃是依據南監板重刻。最著名之兩部大書爲《十三經注疏》及《廿一史》，不過所刻錯謬頗多。清莫友芝《邵亭知見傳本書目》有所批評：

　　　　明北監板，萬曆間依南監板刻寫，均爲一律，雖較整齊，然訛字甚多。

〔註63〕

北監刊《十三經注疏》爲萬曆十四年（1586）據嘉靖閩中御史李元陽本（亦稱閩本）重新雕版，至廿一年始成，李元陽本是依據南監之三朝本所刊。按南監三朝本《十三經注疏》爲十行本，正德間曾經修補，其中缺板之《儀禮注疏》，迨嘉靖五年時，巡撫都御史陳鳳梧刻《儀禮注疏》於山東，並將書板送入南監。至嘉靖中，李元陽以南監板迭經修補，訛謬浸多，乃據其板重雕，因其所刻書板爲每半葉九行，故又稱「九行本」〔註64〕。萬曆間南監板又缺《周禮》、《禮記》、《孟子》等板，餘板亦多殘損不堪，故北監以南監本不堪用，遂議刊《十三經注疏》，萬曆十二年（1584）北監祭酒張位上疏曰：

　　　　臣謂南監有《十七史》，而《十三經注疏》久無善本，容臣等率屬訂
　　　較，工部給資鏤梓於監，可爲明經造士之助。〔註65〕

於是十四年李長春等奉敕刊《十三經注疏》，據李元陽本重雕，板式行款，一皆依據李本，崇禎年間曾重修其板。錢大昕《竹汀先生日記抄》有云：

　　　　北監《十三經》有崇禎六年祭酒吳士元題疏，稱板一萬二千有奇；始
　　　刻於萬曆十四年，成於廿一年。至崇禎五年冬，奏旨重修。〔註66〕

晚明民間藏書家毛晉所刊之汲古閣本《十三經注疏》，即是據北監本重刻。

　　北監另一部著名之書爲《廿一史》，萬曆間南北兩監所貯書籍，俱已漫漶不全，北監遂請重刊《廿一史》，一時成爲盛舉。《廿一史》開雕於萬曆廿四年至卅四年（1596～1606）〔註67〕，乃據南監板重刊，板式與《十三經注疏》相同。

　　北監於與明代晚期取代南監刻書地位，但所刻之書並不多，主要原因是北京已

〔註63〕清‧莫友芝，《邵亭知見傳本書目》（台北：廣文書局，1972）。
〔註64〕屈萬里，《書傭論學集》，頁227。
〔註65〕明‧黃儒炳，《續南雍志》卷四。
〔註66〕見屈萬里《書傭論學集》引清錢大昕《錢竹汀先生日記抄》卷一，頁228。
〔註67〕清‧錢大昕，《十駕齋養新錄》（台北：商務印書館，1968），頁120。

有司禮監主掌刻書之務，重要御製書多由司禮監負責刊刻，國子監無庸大量刻書，又因自明代中葉以後中央政府刻書風氣已大不如昔，故就刊書種數而言，北監實無法與南監相比。明周弘祖《古今書刻》，所列北監刻書僅四十一種，其目雖有疏漏，如《十三經注疏》、《廿一史》均未著錄，然足徵北監刻書之少矣。〔註68〕

　　大體而言，北監板較南監板整齊美觀，但訛誤甚多，如所刻《廿一史》中，《遼》、《金》諸史原有缺文脫葉之處，北監仍沿承缺漏，未予改正，致使文理不相連貫〔註69〕，如此刻書之鹵莽，校勘之不精，每為後代藏書家所詬病。清康熙年間曾修北監書板，至乾隆時「殿本」已成。北監板遂不再印刷。〔註70〕

　　下表為周弘祖《古今書刻》所列北監刻本書目，轉錄於此以資參考。（此目錄僅存有書名，作者、卷數等皆無著錄。）

臨川文集	四書集義	西林詩集	幼小方	朱子語略	四書抄釋
淮海集	論語白文	韻略	珍珠囊	孟四元賦	儀禮圖解
東萊集	孟子節文	青雲賦	唐詩	小學	詩韻圖譜
樊川集	周易音訓	務本書	詩對押韻	腳氣治方	四時候氣圖
四書	通鑑正誤	楚辭	玉浮圖	國子監志	大都志
書傳	喪禮	外篇衍義	字苑撮要	山海經	世史正綱
周易	古文	忠經	本草方	官箴	

第三節　各府部院刻書

　　除前述三大刻書中心外，明代中央政府之各府部院，亦間或刻之。依清周弘祖《古今書刻》所載，知向有禮部、兵部、工部、都察院、欽天監、太醫院、福隆寺及南京提學察院等八處；據《明會典》、《明代敕撰書考》等書記載，知有詹事府、秘書監〔註71〕；此外，考察現今存世之書目，得知還有南京禮部、吏部與太常寺三

〔註68〕明・周弘祖，《古今書刻》，收入《書目類編》第八八冊（台北：成文書局據清光緒卅二年觀古堂刊本影印）。
〔註69〕明・沈德符，《萬曆野獲編》卷二五（台北：新興書局，1976）。
〔註70〕清・莫友芝，《邵亭知見傳本書目》（台北：廣文書局，1976）。
〔註71〕李晉華，《明代敕撰書考附引得》，收入《哈佛燕京學社引得特刊》第三號（台北：成文出版社）。

處〔註72〕，足見刊刻書籍一事，在當時的官府中尚屬普及。

雖言官府中之刻書普及，但就其刻書之數量、種類或板刻精粗，皆遠遠不及三大刻書中心，於今亦罕見其存書或書目傳世，此處擇其中較爲重要，且具代表性之四個衙門，略記其刻書情形：

一、詹事府

詹事府以掌司皇室子弟之教學爲職。設置於洪武廿二年（1389），最初稱爲詹事院，廿五年改稱詹事府。洪武初年所建之大本堂爲其前身，明太祖以古今圖籍充盈其中，並召請四方名儒教導皇太子及諸藩王，當時東宮〔註73〕之官員皆由勳舊大臣兼理，迨詹事府設置後，乃將已有之左右春坊，及司經局列署府中。〔註74〕左右春坊掌理東宮上奏請、下啓箋及講讀之事；司經局則掌理東宮講讀之經典。

府中之司經局既爲掌理東宮講讀之經典，不僅負責收貯圖書，亦兼掌刊刻圖籍之務，《明會典》卷二六云：

> 司經局設洗馬二員，校書二員，正字二員，……洗馬掌收貯經史子集，刊輯圖書，立正本、副本、貯本以備進鑒；校書、正字掌繕寫裝潢，並詮其訛謬，調其音切，以切洗馬。〔註75〕

由此段記載可見「洗馬」爲刊刻圖籍之官。東宮進講之書有：《尚書》、《春秋》、《資治通鑑》、《大學衍義》、《貞觀政要》等〔註76〕，案這些書於三大刻書中心皆有刊印，究竟是司經局再重刻？抑或只是整理爲進講教材後再刻之？經仔細查考之，應屬後者，即詹事府主掌皇室子弟之教育，則司經局主要是教材編輯、刊刻之處所。

二、禮　部

禮部爲六部之一，凡禮儀、祭禮、宴享、貢舉諸政務皆爲禮官之職任。〔註77〕明代禮部刻書與其編輯圖籍有關，自太祖初定天下，即首開禮樂二局，廣徵耆儒，分曹究討，在訂定各項禮制之餘，並編印各種禮書，諸如《大明集禮》、《祖訓錄》……等。

禮部所刊印之書，傳世可稽考者散載於下列各書中，如周弘祖《古今書刻》所

〔註72〕見附錄〈明代中央政府刊刻之現存書目〉。
〔註73〕古代太子所居之宮殿爲東宮。
〔註74〕清·孫承澤，《春明夢餘錄》卷卅三（台北：大立出版社，1980）。
〔註75〕明·申時行，《明會典》卷二一六（台北：世界書局，1963）。
〔註76〕清·孫承澤，《春明夢餘錄》卷卅三。
〔註77〕清·龍文彬，《明會要》卷，〈禮一〉。

記有五部，分別爲《大狩龍飛集》、《大禮集義》、《歷科會試錄》、《素問鈔》等；據《明實錄》所記，可知禮部於洪武六年刊《祖訓錄》、廿七年刊《書傳會選》，永樂十二年刊《五經四書大全》及《性理大全》。再者，從現存書目中尚查得存世之書，有嘉靖廿三年刊之《醫方選要》，萬曆年間南京禮部所刊之《補要袖珍小兒方論》與《高皇帝御製文集》等。

三、都察院

都察院即古代御史臺。朱元璋在登基之前已置御史臺（元末至正廿六年十月，1366），洪武十三年（1380）因胡惟庸案而罷丞相制度，御史臺也隨之廢除，兩年後改爲都察院〔註78〕，主掌天子耳目風紀，舉凡朝廷內大臣奸邪、小人構黨、貪官壞紀或學術不正等皆爲其彈劾之責。

都察院於監察職務之外，也進行刻書，且較其他各府部院刊刻數量多，不過所刻之書多偏狹不正、荒誕不經，常遭後人恥笑，至今未見其傳本，可稽考者僅周弘祖《古今書刻》所列之書目而已。陳彬龢對於明代都察院的刻書有所批評，如云：

> 像北京都察院刻《三國志演義》、《水滸傳奇》和《萬化玄機》、《悟眞篇》這類書，……刻書這樣荒謬，怪不得《五經》、《四書》，《性理大全》這類書，便成爲司禮監的專責了〔註79〕。

案《古今書刻》記載都察院刊刻之書有卅三部，羅列如下：

史記	盛世新聲	武經直解	水滸傳	毓慶勳懿集	參同契
文選	太古遺音	孝經註疏	千金寶要	雍熙樂府	王氏藏集
潛夫論	唐音	適情錄	太平樂府	爛柯經	杜研岡集
杜詩集註	臞仙神奇秘譜	筭法大全	悟眞篇	萬化玄機	
詩林廣記	玉機微義	琴韻啓蒙	玉音海篇	披圖測海	
千家註蘇詩	詩對押韻	三國志演義	七政曆	中原音韻	

四、欽天監

欽天監最初名爲太史監〔註80〕，洪武元年（1368）改爲司天監，二年始改爲欽天監，主掌曆數、天文、星紀之事，此外，刊造曆書也是欽天監主要之工作。

〔註78〕清·龍文彬，前引書，卷卅三，〈職官五〉，頁556。
〔註79〕陳彬龢，《中國書史》，頁146（台北：盤庚出版社，1978）
〔註80〕元至正廿五年（1365）設置，一度更名爲院。

曆書之刊造，每歲皆有定期，爲便於頒賜百官，印造數量甚大。據《明會典》所載：

> 凡每歲進御覽月令曆、大統曆、七政躔度曆。洪武間，以九月初一日進，後以十月初一日進，當日以大統曆給賜百官，頒行天下。嘉靖十九年，令以十月初一日進曆，頒賜百官。

又：

> 凡歲造大統曆，先期二月初一日，進呈來歲曆樣，然後刊造一十五本，送禮部差人齎至南京，并各布政司照樣行印。〔註81〕

大統曆每年印造後，除頒賜國內各機關外，亦頒賜當時之藩屬國，包括琉球、占城、朝鮮……等，宣德年間曾統計刊造大統曆之數量，竟多達五十萬九千餘冊，足徵欽天監印刷工程之鉅。

第四節　板刻印刷之特徵

明代中央政府刻書，並非俱同一式，司禮監有司禮監刻書之風格，國子監有國子監刻書之特色，故從其刊刻之板式與字體不難分辨，如司禮監經廠本多是趙體字、黑口、字大、紙色白；國子監則因修補板、覆刻板或新刻板之不同，而各有其區別，故板框、字體之變化亦多。明屠隆《考槃餘事》論及板刻之考究有七：

> 凡書之直之等差，視其本，視其刻，視其紙，視其裝，視其刷，視其緩急，視其有無。本視其鈔刻，鈔視其譌正，刻視其精粗，紙視其美惡，裝視其工拙，印視其初中，緩急視其時，又視其用，遠近視其代，又視其方，合此七者，參伍而錯綜之，天下之書之等定矣。〔註82〕

意指辨別板本優劣，多以傳鈔之譌正，板刻之精粗，印紙之美惡，裝幀之工拙及雕墨時間先後……等等爲分辨之依據，本文也就刻書態度、板式特徵、紙張墨色及書本裝潢四點，分別討論明代中央政府板刻所具之特徵。

一、刻書態度

刻書第一步驟即爲據原本傳鈔，鈔後始能付梓，刊字匠再依所鈔字樣開雕。鈔寫時易有疏誤，故板本之精劣，在於傳鈔後能否審慎校勘、糾謬訛誤，必須達到精

〔註81〕明·申時行，《大明會典》卷二二三，〈欽天監〉。
〔註82〕明·屠隆，《考槃餘事》卷一，收入《百部叢書集成》卅二，《龍威秘書函》（台北：藝文印書館，1966）。

確爲止。清葉德輝指「明人好刻書，而最不知刻書」〔註83〕，即是因明人刻書較不注重校讎之故。明代內府刻書，以司禮監主其事，宦官多學問淺薄，又缺乏校勘之修養，以至於刊刻時常出現文字遺落之疏誤，尤有甚者，任意竄改原文或自行刪削內容之例，亦不在話下，如《稗史彙編》卷七十四所記：

> 《皇明祖訓》所以教戒後世者甚備，獨委任閹人之禁無之，世以爲怪，
>
> 或云本有此條，因板在司禮監削去耳。〔註84〕

即指《皇明祖訓》中獨缺宦官的警誡之條，故推測可能是司禮監在刊刻時自行削去，雖然所記不十分肯定，但以明代太監在朝中之威勢，刪削對己不利之文詞，是極可能且容易之事。近人毛春翔對司禮監的「經廠本」有所貶抑，他指出：

> 前人說：「書籍明刻而可與宋元並者，惟明初黑口本爲然。」又說：「明
>
> 刻黑口宋人集，世以爲珍。」（見《黃堯圃書跋》）可見此時刻印甚佳，但
>
> 經廠本怕要除外吧！〔註85〕

按經廠本亦多爲黑口趙字，而明刻可與宋元板相並列，獨經廠本除外，即是因其鈔刻多訛誤，校讎不精所致。

國子監刻書，則較爲重視校勘，不過南監之修補本仍多訛誤，這是因爲修補漫漶之書板，是爲處罰監生之用，以至草率不堪，脫葉相連尚不知其誤。相對之下，南監新刻之書校勘較佳，且依例於書中刊載祭酒司業校刊之名，以示負責，如萬曆間祭酒馮夢禎、季道統刊刻之正史，皆記載校刊某卷之年代。顧炎武《日知錄》中摘錄幾處南北監本之疏誤，並認爲馮夢禎手較之《三國志》雖不免有誤，然終勝他本，可見亭林先生向稱許馮氏之校勘，按當時南監校刊之《廿一史》，推馮氏手校之《史記》、《三國志》、《魏書》三種最爲精良，主要是因重新經過校刊，無舊板攙雜其中之故。

北監本多是依據南監本而重刻，鈔刻時錯誤較多，加上不精於校對，雖然其刻工優於南監本，但其內容價值不如南監本。《日知錄》論到北監本稱：

> 其板視南（指南監）稍工，而士大夫遂家有其書，歷代之事跡粲然於
>
> 人間矣！然校勘不精，訛舛彌甚，且有不知而妄改者〔註86〕。

雖然如此，北監本《廿一史》猶可匡清代武英殿本正史之闕失，因監本多宗宋元板，

〔註83〕清・葉德輝，《書林清話》卷七。

〔註84〕明・王圻，《稗史彙編》卷七十四（台北：新興書局，1969）。

〔註85〕毛春翔，《古書板本常談》，（香港：中華書局，1985），頁48。

〔註86〕清・顧炎武，《日知錄》卷十八，《國學基本叢書》（台北：商務印書館，1968），頁98。

且較清代距離宋元爲近，故板刻訛誤較清板爲少之故。茲舉一例爲證，如《宋書‧天文志》云：「周將代殷，五星聚房，五星聚箕，漢高入秦，五星聚東井。」〔註87〕以上廿一個字在宋本係雙行夾注，監本亦雙行夾注，而武英殿本卻誤爲正文，由此一例觀之，可見明國子監本仍具有校勘之價值。

二、版式特徵

明代初葉，板刻普遍承襲元風，爲黑口趙體字。黑口即版心上下兩端界格畫有墨線。畫細墨線者爲細黑口（或稱小黑口），粗墨線爲粗黑口（或稱大黑口），而不畫墨線者則爲白口。自正德、嘉靖以後，明刻漸多白口，字體呈方型。萬曆以降，字體變爲橫輕直重，頗類似顏體字。天啓、崇禎時字體爲狹長型之橫輕直重字樣。經廠本亦受到元代官刻書之影響爲黑口趙體字，較特別的是經廠本未隨民間刻風之變化而有所異動，始終維持黑口與趙體字的特色，在明代各類板刻中自成一格。司禮監刻書，因係代表宮廷的出版，頗講究板面之美觀，茲將其特點分述於左：

（一）大板框，大字體

經廠本板框較一般板框爲大，以明宣宗時雕印之《五倫書》爲例，其板框高爲廿八點五公分，廣爲十七點六公分，其餘書籍板框高亦大約爲廿五公分上下，廣大約爲十六公分左右，較一般刻書板式大出許多，主要是所刻之書多爲御製書，特以大板框以示崇敬之意。行格形式以每半葉十行，以每行廿字或廿二字者居多，亦有半葉八行，每行十二字。由於板框大，字體亦隨之放大，不少書籍之序跋行格比內文爲疏，字體愈顯得大，如萬曆十年刊印之《古文眞寶》（見書影 1），內文爲八行，每行廿字，而跋文則僅六行，行十一字（見書影 2），正如古人所謂的「字大如錢」。字體以元代書法名家趙子昂之行書體爲主，活潑渾圓，柔中帶勁，異常精美。亦有少數例外者，如嘉靖七年刊印之《明倫大典》（見書影 3），其字體則爲橫輕直重的方型字體，此種字體所印之書較前者遜色不少。大體而言，司禮監刻書之字體多採用趙體字，且越趨精美，唯較顯匠氣。

（二）大黑口，雙魚尾，四周雙邊

司禮監刻書講求美觀，故板式富於變化，大黑口是最明顯之特點之一。黑口的板式源於南宋末年，最初僅是在板心上劃一細線以爲摺疊之準線，元代時將細線加粗，做爲板面之裝飾，已失去原初本意，明代經廠本則承襲之。此外，經廠本之板心多雙魚尾，或相向、或相隨，二者皆有，又常見魚尾上加波浪與雙邊，一如板框

〔註87〕梁‧沈約，《宋書‧天文志》卷二五（台北：藝文印書館影印，1971）。

四周之雙邊，景泰年間刊印之《寰宇通志》（見書影 4）一書，即為典型。但亦有例外，即不依上述板式者，如正德四年刊印之《大明會典》（見書影 5），則為白口、無魚尾且四周單邊，實為內府刊本罕見之例。

（三）明句讀，標圈發

　　經廠本多半標有「句讀」和「圈發」，此為中央政府刻書中之一大特色。「句讀」是於書中文詞休止和停頓之標誌，即在文詞成句之處或段落末字之旁，刻一小點或一小圓圈，以示「句讀」。宋岳珂《九經三傳沿革例》云：

　　　　監蜀諸本。皆無句讀，惟建本始仿館閣校書式，從旁加圈點，開卷了

　　然，於學者為便。〔註88〕

由此可知「句讀」之用途。「圈發」乃是用以分辨讀音之標誌，即在破音字之四角，隨其發音而刻上一小圓圈，以示平上去入之音讀。如又云：

　　　　音有平上去入之分，則隨圈發。〔註89〕

案「句讀」與「圈發」之使用，在宋朝中葉即有，然通行不廣，至明代司禮監刻書始見普遍。「句讀」和「圈發」併用，皆以小圓圈標示，如洪武間刊本《御製大誥》（見書影 6），宣德間刊本《歷代臣鑒》（見書影 7）等等皆然。

　　南監刊本板式大多不一致，主要是因板本複雜之故，倘依其板本之別，可分為下列五種：

（一）宋刊明南監修補本

　　此類型之書即是所謂之「三朝本」，以《禮儀經傳通解》（見書影 8-1、8-2、8-3）一書為例，此書為宋嘉定十年至十五年刊本，迄明初經南監修補，因此書中出現三種板式。大凡宋代原刊者，有細黑口與白口之別，細黑口者為相向之雙魚尾；白口者為相隨之雙魚尾，這兩種板式皆為左右雙邊，並註明刻工，字體近歐體字，一見便知是宋板。至於明南監修補之板（見書影 8-4），則是明顯的大黑口、單魚尾，版心下方註記修補之監生姓名，字體較宋字粗肥。此外，如宋紹興間刊之《南齊書》，係迭經元、明二代修補之九行本，元代之修補板與宋板雷同，明板則有顯著之區別，諸如細黑口、版心標註補刊年、刻工名，以及字體橫輕直重等，皆為其特色。

（二）元明刊明南監修補本

　　以《爾雅注疏》一書為例，此書為元代刊本，經明南監兩度修補。元刊板式（見

〔註88〕宋・岳珂，《刊正九經三傳沿革例》（台北：新文豐，1985）。
〔註89〕同前註。

書影 9-1）爲黑口，雙魚尾相隨，左右雙邊，每半葉十八行，每行廿、廿一字不等。其後經明代正德、嘉靖兩次修補，板式如下：正德年間修補之板式（見書影 9-2）與元板相類似，唯四周雙邊，並於版心下註明刻工名；嘉靖年間修補之板式（見書影 9-3）則與前二者大不相同，乃以白口，單魚尾與四周單邊爲主。

（三）明初刊明南監修補本

以明洪武三年史館刊之《元史》（見書影 10-1）爲例，此書於嘉靖九、十年由南監修補（見書影 10-2、10-3），南監修補板皆依原史館刊印之板式，唯於板心處加註「嘉靖九年（或十年）補刊」字樣及刻工名。

（四）明南監覆宋板本

此類型之板本係指明南監依據宋板翻刻之書。以明正德六年南監覆宋板《孝經注疏》（見圖 11）十行本爲例，此書最大特點爲：同一年之刻本，板式卻因刻工不同而有所變化，故於書中可見到三種板式。相同之處在於皆註有書手及刻工名，並在板心上皆註有「正德六年刊」之字樣；不同之處則有花口與白口，雙魚尾與三魚尾之區別。此種同年刊刻而有數種板式者，在明代官刻書中並不多見。

（五）明南監刊本

前述四種類型之板本，或爲修補本，或爲翻刻本，尚不足代表南監之刻書。自嘉靖以後南監自刻之書甫漸興盛，茲以《史記》一書略論之。嘉靖八、九年校刊《十七史》中之《史記》（見書影 12）與萬曆二、三年重刻之《史記》（見書影 13）相較，二書之板式大體相似，皆爲白口、相隨之雙魚尾、四周雙邊，板心均註刊刻年代及刻工名，所不同者在於字體，嘉靖年間刊者，字體呈方型，橫直筆畫粗細均勻；萬曆年間刊者，字體則爲橫輕直重之仿宋字。又以萬曆晚期刊印之《古史》（見書影 14）爲例，此書刊於萬曆卅九年，板式則與以前大不相同，板心不再畫墨線，而爲花口，即板心上象鼻〔註90〕處刻有「古史」二字，單魚尾，左右雙邊，字體爲典型之仿宋體字，頗有復古之風。

綜合南監之板刻特色，又可歸納出以下三點：

（一）板式複雜多變化，然而變化中仍大略可尋出一規律，即以正德年爲分界，正德以前多黑口本，正德以後黑口本罕見。另自萬曆晚期起，一改原來四周雙邊之板框而爲左右雙邊，魚尾亦捨一存一，與北監之板刻類同。

〔註90〕板心上下兩端的界格，稱爲象鼻，就其形狀而稱之。象鼻中空爲白口，象鼻中有細墨線者稱細黑口或小黑口，象鼻中有寬墨線或合爲黑時，稱爲大黑口或粗黑口，象鼻中間刻有文字者，稱則爲花口。

（二）字體隨年代改變。明初南監修補宋元舊板，字體多模仿宋刻與元刻，故有歐體、趙體，無一定式，迨嘉靖間明代刻風普遍轉變，競相仿效北宋本。如嘉靖七年校刊之《十七史》爲方型字體，萬曆時演變爲橫輕直重之方型字體，稜角峻厲，刀法剛硬，有板滯之感。清葉德輝《書林清話》卷二云：

> 有明中葉，寫書匠改爲方筆，非顏非歐，已不成字。〔註91〕

葉氏之批評雖然言重，但字體之變化，對於刻書歷史而言卻有深遠之影饗。清錢大鏞稱此種字爲宋體字，如《明文在・凡例》所云：

> 古本俱係能書之士，各隨其字體書之，無所謂宋字也。明季始有書工專寫膚廓字樣，謂之宋字。〔註92〕

清康熙十二年（1673）內府補刊明經廠本《文獻通考》脫簡，冠以序文，竟明示：

> 此後刻書，凡方體均稱宋字，楷書均稱軟字。〔註93〕

其實所謂之宋字，已非宋代字體之本來面目，因此種字體出現於明隆慶、萬曆年間，故亦有人稱爲明朝字，後人又稱爲仿宋體字。清內府武英殿聚珍板之方體字即源於此，乃至今日之印刷字體皆是由此傳衍而來，昔日「各隨字體書之」之名家字體已未再現。

關於避諱字〔註94〕，明代至末葉始漸嚴。明繼元起，因前元蒙人入主中國，帝王名字多爲譯音，故不興避諱之禁例，明代初期對皇帝之名也無所避諱，故元明二代之板本，除影宋、覆宋之板本外，罕見有缺筆等避諱之跡。然而至天啓、崇禎以後，此法漸嚴，如光宗名常洛，書寫時多將「常」改爲「甞」，「洛」改爲「雒」；熹宗名由校，「由」字有缺末筆者，「校」字或改作「較」，餘則不多見。顧亭林《日知錄》云：

> 本朝崇禎三年，禮部奉旨，頒行天下，避太祖、成祖廟諱，及孝、武、世、穆、神，光、熹七宗廟諱，正依唐人之式。惟今上御名，亦須迴避，蓋唐宋亦如此。然止避下一字，而上一字，天子與親王所同則不諱。〔註95〕

〔註91〕清・葉德輝，《書林清話》卷二，頁35。
〔註92〕清・錢大鏞，《明文在・凡例》，收入《國學基本叢書》（台北：商務印書館，1968），頁3。
〔註93〕參見陳國慶、劉國鈞撰《版本學》（台北：西南書局，1978），頁164。
〔註94〕避諱之例濫觴於秦漢時代，古代凡帝王名字，百姓不得直呼，即臨文書寫，亦必須避諱，不得使用，若不得已必須使用，則須將該字缺寫最末一筆，或以同音或同義之字來代替，以表對帝王之崇敬，倘犯禁例，常遭殺身之禍。此風氣承於魏晉，盛於隋唐，最嚴於趙宋，清代前半期亦甚嚴苛。
〔註95〕清・顧炎武，〈已祧不諱〉《日知錄》卷廿四（台北：明倫書局，1979），頁669。

錢大昕注云：「明季刻書，太常寺作太甞，常熟作甞熟。」可見自明代末期刻書講究避諱字。

（三）板心註明刊刻年及刻工名，以表慎重之意，此為南監板刻最大特色。幾乎各書皆標示刊刻年代，修補之書板則標示補刊年，新開雕者則標示刊刻年，以示負責，故從板心上即知該書出版之時間，後世板本之考證毋須費心考索，確實提供不小的便利。此外，板心下亦有註明刻工名者，甚至標出書手之名，即謄寫者之姓名，如正德六年覆宋刊之《孝經注疏》中有「李紅謄」、「許成寫」等字樣，萬曆十七年刊之《南齊書》（見書影 15）有「吳郡徐普寫」之字樣，皆是註明謄寫者之例。

北監刻書自萬曆時始漸興盛，先後刻有《十三經注疏》（見書影 16）及《廿一史》（見書影 17）兩部大書，此兩部書之板式皆相同，皆為九行本，每行廿一字，為白口，單魚尾，左右雙邊，板心註明刊刻年代，偶見有刻工名。萬曆晚期以降，南北兩監之板式趨於一致。

各部府院刊本板式變化與南京國子監類同，如嘉靖廿三年禮部刊印之《醫方選要》（見書影 18）尚是大黑口，雙魚尾，字體呈方型，至萬曆時所刻之《補要袖珍小兒方論》（見書影 19），則為花口，單魚尾，字體變為仿宋字。其他如太醫院刊本，太常寺刊本亦然。

三、紙張墨色

明內府所用之紙俱為上品。內府中專司造紙者有二處，一為司禮監，一為乙字庫。合此二者所造，紙色多達四十種，以當時之功夫，能造出數十種之紙質，堪稱不易。據明王宗沐《江西省大志》記載：

> 司禮監行造紙廿八色，曰：白榜紙、中夾紙、勘合紙、結實榜紙、小開化紙、呈文紙、結連三紙、綿連三紙、白蓮七紙、結連四紙、綿連四紙、毛邊中夾紙、玉板紙、大白鹿紙、藤皮紙、大楮皮紙、大開化紙、大戶油紙、大綿紙、小綿紙、廣信青紙、青連七紙、鉛山奏本紙、竹連七紙、小白鹿紙、小楮皮紙、小戶油紙、方榜紙。以上定例，五年題造一次。乙字庫行造紙名一十一色，曰：大白榜紙、大中夾紙、大開化紙、大玉板紙、大龍瀝紙、鉛山本紙、大青榜紙、紅榜紙、黃榜紙、綠榜紙、皂榜紙。以上隨缺取用，造解無期。〔註96〕

司禮監與乙字庫所造之紙，供應內府之需用，而印書紙僅為其中一部分，明屠隆《考

〔註96〕明‧王宗沐《江西省大志》，（臺北：成文出版社，1989）。

槃餘事》略爲描述內府所造之紙質，《考槃餘事》云：

> 今之大內用細密洒金五色粉箋，五色大廉紙洒金箋，有白箋堅厚如
> 板，兩面研光，如玉潔白，有印金五色花箋，有磁青紙，如段素堅靭可寶。
> 〔註97〕

屠隆爲萬曆時人，猶可見及內府所造之紙，自其所述之各樣紙色，可知大內紙質之精美。

今日所見之經廠本多爲棉質紙，紙色潔白而堅厚，所著之墨色黑亮晶瑩，眞可謂之精品。其工整圓潤之趙體字，嵌於行格間，且不論其校讎之精粗，著實令人愛不釋手。閣上書冊，猶餘淡淡墨香，經廠本在歷代刻本中，堪稱特殊風格。

國子監之紙色不如經廠本之紙色白而厚，國子監本所用之紙多爲竹紙，紙色較黃，亦有介於黃白之間者，紙質細密而薄。有些監本於每摺葉中夾活襯竹紙，此種紙質較佳。有些監本紙質因脆薄，留傳至今容易斑剝，翻閱時須小心翼翼，稍一不愼可能又添增其破損。監本用墨亦不似內府本講究，墨色濃度不夠，品質亦劣，印成書後字跡斷裂或暈蔭四周爲常見之事。萬曆刊《南京禮部編定印藏經號簿》中條列代用墨汁之調製方法：

> 作料：煙煤五簍，銀壹兩，麵伍百斤，銀參兩。〔註98〕

此爲以煤和麵粉取代墨汁之例，主要取其成本價廉之故，坊間印刷多以此法印書。煙煤易於脫落，書葉易成斑花狀而影響字跡，大體言之監本自萬曆後墨色反較清晰，濃淡均勻，且北監本勝於南監本。

用紙方面，另有特殊之例，即飜用紙背印書，以印過之紙背再印刷之風氣起自宋代，因宋代皮紙厚實，正反兩面同樣光潔，常兩面皆用。明張萱《疑耀》云：

> 余獲校秘閣書籍，每見宋板書多以官府文牒飜其背以印行者。如《治
> 平類篇》一部四十卷，皆元符二年及崇寧五年公私文牘啓之故紙也。其紙
> 極厚，背面光澤如一，故可兩用，今之紙，不能爾也。〔註99〕

其實，不止有宋刊宋印者，元明亦有之。北平圖書館藏有元刊宋俞琰撰《周易集說殘冊》，用牘背紙所印，此爲元刊元印可徵之例。又藏有宋國子監刊印宋毛晃增修《五注禮部韻略》殘冊，印以洪武七年糧冊紙，此爲宋刊明印。亦有明刊明印者，明黃丕烈《士禮居藏書題跋記》云：

〔註97〕明・屠隆，《考槃餘事》卷二，收入《百部叢書集成》卅二，《龍威秘書》第六函（台北：藝文印書館，1966）。

〔註98〕見《中國古籍研究叢刊（三）》，〈中國古書板本研究〉（台北：明倫出版社，1971）。

〔註99〕參考孫毓修，《中國雕板源流考》（台北：商務印書館，1933），頁55。

鄭元佑《僑吳集》紙背皆明人箋翰簡帖，雖非素紙印本，然古氣斑爛

亦自可觀。宋元舊本，往往如是。〔註100〕

此種飜紙背再印之例，在明官刻書中尚屬少有。〔註101〕

四、書本裝潢

明初書籍裝訂，蝴蝶裝猶多，如黑口《元史》殘冊，永樂欽天監刊之《大統曆》
等等均為蝶裝。大體而言，明代盛行包背裝，包背裝最早出現於南宋後期，隨後取
代蝴蝶裝，而為明代主要書籍裝幀之法。包背裝書口為書葉之中縫，中縫有墨線者，
即為摺疊準線，書脊部分乃為書葉左右板框外之空白處，最初包背裝是逐葉黏連，
相當費事，後漸改在空白書邊打孔。穿紙捻，再裝上封面，明經廠本裝幀多以此法，
封面多用磁青紙〔註102〕，或織錦表褙，如宣德元年刊印之《歷代臣鑑》之封面為紫
紅色織錦，精美絕倫。此外尚有梵夾裝，主要用於佛經、藏經之裝釘。

約自明中葉起已漸採用線裝，至清初始大盛。線裝之優點，在於翻閱不易破散，
國子監本則包背裝與線裝兼有之。清葉德輝《藏書十約》中論到書籍之裝潢，以為：

裝訂不在華麗。但取堅緻整齊。而斷不可用蝴蝶裝及包背裝，蝴蝶裝

如褾帖，糊多生霉，而引蟲傷；包背則如藍皮書，紙豈能如皮之堅紉，若

仿為之，既費匠工，又不如線裝之經久。〔註103〕

從葉氏的分析，便明白裝釘對於書籍保存與流傳之影響。

〔註100〕清·黃丕烈，《士禮居藏書題跋記》，收入《百部叢書集成》七九，《靈鶼閣叢書》第
四函，台北：藝文印書館，1966）。

〔註101〕參考錢基博，《板本通義》（台北：商務印書館，1983），頁43。

〔註102〕陳國慶、劉國鈞撰，《板本學》（台北：西南書局，1978），頁98。

〔註103〕錢基博，《板本通義》，頁50。

第四章　明代中央政府圖書典藏及散佚情形

第一節　圖書典藏處所

　　明代中央政府圖書之典藏有數處，諸如「文淵閣」、「皇史宬」、司禮監之「經廠」、國子監之「載道所」等，此外，官署中亦有藏書者，如行人司等。若依典藏性質來分，大致可區分為三種：（一）秘閣藏書：如文淵閣、皇史宬屬之；（二）出版藏書：如經廠、載道所屬之；（三）官署藏書：如行人司屬之。

　　文淵閣係明代最重要的秘閣藏書，為有明一代文化資源的表徵，媲美漢代的東觀〔註1〕、宋代的崇文院〔註2〕。閣內典藏的圖書，可自正統年間楊士奇所編輯的《文淵閣書目》，及萬曆年間張萱等編纂的《內閣書目》窺其梗概。「皇史宬」興建為時較晚，原先僅貯藏帝王實錄、寶訓，後來文淵閣中的部分圖書亦移入收藏。

　　所謂「出版藏書」，係指圖書出版處的藏書而言。明代兩大刻書中心，一為司禮監，一為國子監，這兩處皆貯藏不少書籍，如「經廠」為司禮監刻書及典藏書籍、書板的重地；「載道所」為國子監主要藏書之處，此外，國子監的「彝倫堂」為教學之便，亦藏有圖書。有關「經廠」與「載道所」的藏書情形，已於前章詳述，故不再贅述。

　　除前述二種藏書外，尚值得一提的是，官署藏書中亦有官署中人自行徵集而來，

〔註1〕東觀為東漢典司書籍之所。
〔註2〕崇文院為北宋政府藏書處所，院中有三館一閣，三館者，即昭文館、集賢館、史館也；一閣者，即秘閣也。

以「行人司」藏書最爲豐富，其典藏之書目至今仍留存。

茲將文淵閣、皇史宬及行人司三處的藏書場所，進一步說明如下：

一、文淵閣

文淵閣爲明清二朝中央政府藏書之所，建置始於明太祖時代，文淵閣之創設本爲政治作用而設置，也就是明代有名之「內閣」，後來因政府的珍籍要錄都集藏於此，而成爲「中秘藏書之所」〔註3〕，清代沿其舊制仍設之。

明太祖廢相後，於洪武十五年（1382）倣宋制置殿閣大學士，而有華蓋殿、武英殿、文華殿、文淵閣、東閣等三殿二閣大學士之設置，當時大學士尙不過是隨侍皇帝左右之顧問而已。成祖時，選任解縉等七位大學士直接入「內閣」參與機務，「內閣」於是正式成立。凡入「內閣」稱「直文淵閣」，未准入「內閣」之大學士不得參與機務，此乃明內閣何以能左右政權之原因。文淵閣則爲內閣大學士議論政事的地方。〔註4〕另外，「凡圖書繕寫、讎校、皆課而察之」，「凡累朝御筆、實錄、寶訓、玉牒之副、古今書，皆籍而藏之。」〔註5〕職是之故，文淵閣也成爲明政府秘閣藏書的重地。

文淵閣位於午門內東南隅，文華殿之前，圖籍收藏於閣的東邊。起初閣制規模甚狹，直到嘉靖十六年（1537）世宗與大學士李時商議，重拓文淵閣規制，在內閣中的一間設立孔子聖像，兩旁朝南有四間，做爲閣臣辦事的地方。閣的東西各有誥敕房，閣東的誥敕房改爲藏書樓，又南面空地添造捲棚三間，做爲各官書辦事的地方，至此才算是「閣制始備」。〔註6〕清代的文淵閣位於文華殿的後面，與明代的文淵閣不在同一處。〔註7〕

明初南京文淵閣所貯藏的書，於永樂十九年（1412）遷都時，成祖下令取出閣中之複本運送至北京，暫時貯存於皇城左順門的北廊，直至英宗正統六年（1441）楊士奇請編文淵閣書目，才移入北京的文淵閣，與原來閣內已有的書，合併編次爲《文淵閣書目》。嘉靖四十一年（1562）文淵閣遭逢火災，遂將閣內圖籍移至「古今通集庫」及「皇史宬」。〔註9〕

〔註3〕不著撰人，《明內廷規制考》卷二，收入《百部叢書集成》四十八，《借月山房彙鈔》七函（台北：藝文印書館，1966）。

〔註4〕清・龍文彬，《明會要》卷七一，方域一。

〔註5〕明・孫承澤，《天府廣記》卷十，〈內閣〉（台北：大立出版社，1980），頁96。

〔註6〕明・孫承澤，前引書，頁96。

〔註7〕朱偰，《明清兩代宮苑建置沿革圖考》，〈清代宮禁圖〉，收入《故都紀念集》，北平地方研究叢書第二輯（台北：古亭書屋影印版，1970）。

〔註9〕《明內廷規制考》，《百部叢書集成》四十八，《借月山房彙鈔》七函，（台北：藝文印書館）。

掌司文淵閣圖書者，爲翰林院「典籍」。洪武初年仍承宋元舊制，三年（1370）設「秘書監」掌理內府書籍，至十三年（1380）併入翰林院，改由典籍官掌管，不再置秘書監〔註10〕，迨文淵閣書北移後，典籍官遂成爲內閣辦事官，已失去立官的原意。

二、皇史宬

皇史宬建於嘉靖十三年（1534），於十五年七月落成，據《世宗實錄》所載，「宬」即神御閣也。營建之初，世宗原擬於宬內尊奉明以來列朝君主之聖像與訓錄，落成後，改敕僅藏《寶訓》、《實錄》，另外修「景神殿」供奉列朝聖像。〔註11〕

皇史宬位於紫禁城外東南，重華殿之西，門額以「叏」爲史，以「宬」爲成〔註12〕，左右小門稱「龘歷」，乃以「龘」爲龍，左邊的稱「龘歷左門」，右邊的稱「龘歷右門」，以上這些字皆爲嘉靖皇帝創製及親筆手蹟。《春明夢餘錄》云：「（皇史宬）中貯列朝《實錄》及《寶訓》，每一帝山陵則開局纂脩，告成，焚稿椒園，正本貯此，《實錄》中諸可傳誦宣布者曰『寶訓』。」〔註13〕除《實錄》、《寶訓》外，嘉靖四十一年文淵閣大厄後，閣中之書移入皇史宬，並重新謄錄《永樂大典》，至隆慶初年完成，也將副本貯藏於此，足見當時對皇史宬的看重。

皇史宬書籍每年由司禮監負責定期曝曬，《酌中志》卷十七云：「皇史宬每年六月初六日奏知曬晾，司禮監第一監官提督董其事而稽核之，看守則監工也。」北方民俗多在六月六日曬書、曬衣，使不生蠹魚，皇城內各處藏書處所大約也在這個時候曬書杜絕蟲霉。

皇史宬的修建，原爲典藏當代聖像與訓錄之用，爰取金匱石室之意來修建，故四周上下俱用石甃，異常堅固。宬內東西九楹的窗櫺檁枏，悉以石砌，前面繞以石欄崇階，宬左右之東西配殿，也都是石砌，彷彿無樑之殿，與其他宮殿式的建築迥異，皇史宬能歷數百餘年而不壞，當歸功於「金匱石室」的建築設計。

清初，皇史宬仍用來貯列朝《實錄》、玉牒、聖訓，由年老的旗員掌理之。〔註14〕後來清代內閣另外立「實錄庫」，於是官制、職掌不再依明代舊制。今日所見的皇史宬爲清代重修，「皇史宬」三字爲漢滿字並列，明顯是清代所題。另外在宬之東

〔註10〕《續文獻通考》卷五六，「職官六」。
〔註11〕《世宗實錄》嘉靖十五年。
〔註12〕按宬與盛同。莊子曰：「以匡宬矣」說文曰：「宬，屋所容受也。」
〔註13〕《春明夢餘錄》卷十三。
〔註14〕見陳登原，《國史舊聞》卷五八引《嘯亭雜錄》（台北：與文書局，1981），頁588。

配殿北面的「碑亭」，則是乾隆皇帝所題的詩。〔註15〕

三、行人司

歷代圖書的典藏，概括而言，大致可分爲官藏與私藏二類，官藏如文淵閣等，堪稱爲國家藏書的代表，私藏則是指民間書坊或私人藏書而言，例如毛氏汲古閣〔註16〕、范氏天一閣〔註17〕等。行人司收藏圖書，既不代表國家藏書，也非民間私藏，而是政府中某個官署的藏書，這種情形尙不多見。

行人司位於西長安街朝房西，洪武十三年設置，其職任在於爲朝廷傳達各項使命，舉凡頒行詔敕、冊封宗藩、撫諭番夷、徵聘賢才、遣戍囚徒，以及各種賞賜、慰問、賑濟、軍旅、祭祀等等，咸敘遣之。〔註18〕最初行人司的任使僅以孝廉人才，後來因欲其能通達國體，不辱君命，改以進士除授。

行人司職務特殊，當有詔命時則須出行四方，沒有詔命時則留佇署中，無所事事，長久以來而產生徵集圖書的構想，以便署中同僚暇時可以觀書，充實學問之用。明徐圖《行人司書目敘》云：

> 我朝唯館職讀中秘書，備左右顧問，其它歷歷內外，自一邑而上皆有政焉，案牘簿書不暇，即胸中八九雲夢，半以勞騷奪之，又安盡取古圖書檢校爲也。唯行人索莫長安，邸中升散後，面孔相對，諧語之，則詼不敢出也，莊語之，則上下數千年，陵牝塈牡口角依稀間耳，卒不得授簡一印可者，圖籍不備眞一大闕事也。於是署中著爲令，凡乘車事竣，報命，無不購書數種爲公費，贅即留署中……。〔註19〕

從此段序文可知，當時行人司經常無所事事，同僚相對時，不是言語無味，即是莊諧難分，有心者則引以爲憂，故而興起購書的念頭。

署中規定，凡奉命外出的使者，還朝時必從四方購書二、三種，交由署中掌印審查，倘有內容不佳或重複的書，則駁出另再購置。經年下來，行人司所收貯之書，已達相當可觀的數量，且聞名於各官署中。如《天府廣記》云：

〔註15〕袁同禮，〈皇史宬記〉云：「碑爲乾隆十五年御製恭謄皇史宬詩。」《圖書館學季刊》二卷三期，頁 444。

〔註16〕江蘇常熟毛晉爲汲古閣主人，以刻書有名，爲明末重要藏書家之一。

〔註17〕浙江鄞縣范欽爲天一閣主人，嘉靖十一年進士，專喜搜羅說經之著述，及前人無傳本之詩文集，曾從豐道生鈔書，後購得「萬卷樓」之書，藏於天一閣，爲明代重要私人藏書家之一。

〔註18〕清·龍文彬，《明會要》卷三九，〈職官〉十一；明孫承澤，《春明夢餘錄》卷六一。

〔註19〕明·徐圖，《行人司書目》，收入《百部叢書集成》三編，十二，《己卯叢編》一函，（台北：藝文印書館，1966）。

　　　　京師公署行人司貯書最多，翰林院與行人司並列東西兩長安，而翰林

　　院文學之司，內無貯書，每科教習庶常，不過廣詩正聲、文章正宗而已。

　　〔註20〕

足見行人司圖書的收藏，堪稱明代官署中之翹楚。

　　行人司還制定圖書借閱的法則，諸如同僚閱讀，止於公署之內，不得攜出，偶
須借出，必須於查檢時立即交還，所借之圖書不得轉借他人。又圖書之出納由火房
負責，並鈐蓋文策登記借還之年月日，並且定時查證借還日期，其手續甚為仔細。

　　署中圖書均按類分貯，凡有六部，即典部、經部、史部、子部、文部、雜部等，
其中典部均為御製之書。萬曆三十年行人司正徐圖，據署中藏書編次為目，以為查檢
之簿錄，計《行人司書目》所錄凡一千六百餘種，為明代官署中藏書最富者。

第二節　圖書散佚情形

　　古來圖書文獻能歷久而不散佚或損毀，實非易事。綜觀我國自古以來之典籍，
傳衍至今可謂十不存一，隋代牛弘曾謂「圖書五厄」〔註21〕；至明代胡元瑞又加上
五厄，堪稱之為十厄〔註22〕，列入十厄者多是毀於兵燹烽火之中，倘徵引史料文獻
之記載，將發現古代圖書之厄何止於此？

　　古人也曾說藏書最忌有「八厄」，即為水一也、火二也、鼠三也、蠹四也、收貯
失所五也、塗抹無忌六也、遭庸妄人改竄七也、為不肖子鬻賣八也。〔註23〕自古以
來圖籍之收藏，難免遭受到天災或人為的破壞，而無法保存完善。明代政府雖築有
樓閣典藏，設有專司職掌，仍不在例外。茲於此探溯明代中央政府藏書散佚情形：

〔註20〕明·孫承澤，《天府廣記》卷卅一。

〔註21〕明·陸琛，《續停驂錄》中卷，〈儼山外集〉卷卅：「自古典籍廢興，隋牛弘謂仲尼之
　　　　後凡有五厄，大約謂秦火為一厄、王莽之亂為一厄、漢末為一厄、永嘉南渡為一厄、
　　　　周師入郢為一厄。……」收入《百部叢書集成》十六，《紀錄彙編》第六函（台北：
　　　　藝文印書館，1966），頁8。

〔註22〕明·胡應麟，《少室山房筆叢》云：「牛弘所論五厄，皆六代前事，隋開皇之盛極矣，
　　　　未幾悉灰於廣陵。唐開元之盛極矣，未幾悉灰於安史。肅代二宗，荐加糾集，黃巢
　　　　之亂，復致蕩然。宋世圖書，一盛於慶曆；再盛於宣和，而女真之禍成矣；三盛於
　　　　淳熙；四盛於嘉定，而蒙古之師至矣。然則自六朝之後，復有五厄：大業一也，天
　　　　寶二也，廣明三也，靖康四也，紹定五也，通前為十厄矣。」（台北：世界書局，1973）。

〔註23〕明·顧起元，《客座贅語》卷六，收入《百部叢書集成》一〇〇，《金陵叢刻》第一函，
　　　　（台北：藝文印書館，1966）。

一、毀於祝融

　　由於明代宮殿多係木造，易遭祝融肆虐。翻開明代宮殿建築史頁，發現大多數宮殿是火災後再行改建或重建的，紫禁城內的珍籍要錄，受損的程度可想而知。列舉幾項佐證如下：

　　1. 永樂十九年（1421）四月，三殿閣遇火災，幸得楊榮搶救出一批圖書，貯藏於東華門外，才不至於全部損毀。〔註24〕

　　2. 正統十四年（1449）南京文淵閣火災，所藏之書悉爲灰燼，姚福慨嘆曰：

　　　　前代藏書之富無逾本朝，永樂辛丑北京大內新成敕翰林院，凡南內文淵閣所貯古今一切書籍，自有一部至百部，各取一部送至北京，餘悉封識收貯如故，時修撰陳循如數取進，得一百櫃督舟十艘，載以赴京，至正統己巳南內火災，文淵閣向所藏之書悉爲灰燼，此豈非書之厄會也歟！〔註25〕

原本留貯南京文淵閣的書籍，此時皆付之一炬，所幸複本已先運存北京，否則損失更甚。

　　3. 正德四年（1509）皇城內西苑文淵閣失火，「歷代圖典稿簿俱焚」。〔註26〕

　　4. 嘉靖四十一年（1562）禁中再傳失火，世宗亟命救書，《永樂大典》倖免於難。〔註27〕後來世宗唯恐文獻圖書再遭不測，祖宗遺產將喪失殆盡，遂將文淵閣所餘之書移入「古今通集庫」及「皇史宬」貯藏〔註28〕，並下令重謄《永樂大典》一部，副本置存「皇史宬」。

　　5.萬曆年間，原來預備纂寫實錄的史料，忽又遭天災，轉眼亦成灰燼，《春明夢餘錄》卷十三云：

　　　　萬曆年間（1573～1619），閣臣陳于陛請修正史，詔從之，於是開館分局，集累世之實錄，采朝野之見聞，紀傳書志，頗有成緒，忽遭天災，化爲煨燼，史事益屬茫然矣！〔註29〕

〔註24〕清・龍文彬，《明會要》卷二六，〈學校〉下，頁419。

〔註25〕明・姚福，《清溪暇筆》，收入《百部叢書集成》十六，《紀錄彙編》六函（台北：藝文印書館，1966）。

〔註26〕參考朱偰，《明清歷代宮苑建置沿革圖考》所引《山樵暇語》：「正德四年，西苑文淵閣災，自歷代國典稿簿俱焚。」收入《北平地方研究叢書》第二輯（台北：進學書局，1970）。

〔註27〕陳登原，《古今典籍聚散考》，收入《書目類編》九六冊（台北：成文出版社據1936年排印本影印），頁458。

〔註28〕清・孫承澤，《春明夢餘錄》卷十二。

〔註29〕同前註。

案明代內官撰寫實錄，每於草稿完成，經皇帝題准後，即焚實錄的草稿於椒園〔註30〕，因此人間罕見。但經此一焚，許多珍貴文獻因而散亡，此又為明代圖籍被焚可考的例證。

其實，明代政府也曾考慮過用磚石代替木造建築，但是績效不彰。弘治五年（1492）大學士丘濬曾上言，論及太祖、成祖等蒐求遺書不易，應重新點校政府所貯之古今圖籍，並建議在文淵閣附近修築磚石的書樓。丘濬云：

> 請於文淵閣近地別建重樓，不用木植，但用磚石，將累朝實錄、御製玉牒，及干係國家大事文書，盛以銅櫃，庋於樓之上層。如詔冊制誥、行禮儀註、前朝儀文舊事，與凡內府衙門所藏文書，可備異日纂修全史之用者，盛以鐵櫃庋之下層，每歲曝書，先期奏請，量委翰林院堂上官一員，曬晾查算，事畢封識，內外大小衙門，因事欲有稽考者，必須請旨，不許擅自開取，孝廟嘉納之。〔註31〕

丘濬的建議甚佳，磚石書樓及銅櫃書架，乃避火的好材料，並且上下層分貯實錄、御製玉牒及史書，便於日後修史之用。不過此議實行與否，限於史料不足，就不得而知了。又嘉靖十年（1531）時，大內東偏起火，延燒東西十四連房，世宗因而詔諭大學士張璁改建，世宗諭曰：

> 宮中地隘，而屋眾且貫以通棟，所以每有火患。聞南京中諸門，皆磚砌，不用木，因知聖祖慮深，今所燬者，不須依舊式，未燬者量為規劃。
> 〔註32〕

明政府雖有感於木造房舍易致火患，但皇城宮闕眾多，且棟棟相連，實難重新規劃，不易付諸實現。

明政府之藏書，僅就祝融一厄而言，即已損失大半。其他如陰濕蟲噬，或書板被盜，或人為破壞等因素，都是造成典籍散佚的主要因素。

二、毀於蟲蠹

火，固足以毀書，然而蟲鼠蛀噬及漫漶腐爛，往往於不易覺察間毀壞了典籍，其勢雖緩，為禍卻不下於火厄。

〔註30〕明‧孫承澤，《春明夢餘錄》，卷六：「五雷殿即椒園也，實錄成，焚草於此。」案椒園《清宮史》作焦園；《金鰲退食筆記》作芭蕉園。明代椒園位於皇城之西苑太液池東岸。

〔註31〕明‧余繼登，《典故紀聞》卷十六，收入《百部叢書集成》九四，《畿輔叢書》第十四函，（台北：藝文印書館，1966）。

〔註32〕明‧余繼登，前引書卷十七。

以文淵閣爲例，由於內部格局偏狹，且幽暗不通風，進出者於白晝黑夜均悉持炬，方能辨識。如明姜紹書《韻石齋筆談》云：

> 文淵閣制卑狹，而牖復暗黑，抽閱者必秉炬以登，內閣輔臣無暇留心
>
> 及此，而翰苑諸君，世所稱讀中秘書者，曾未得窺東觀之藏。〔註33〕

此段記載道出明政府對文淵閣之疏忽。卑狹陰暗之所，正是蟲鼠的溫床，再加上經年累月缺乏妥善管理，蟲噬霉爛之狀不難想見。

再看世所稱羨之大內藏書，其內板經書雖極一代之盛，然揆其實，亦有鼠噬蟲巢之憾。明劉若愚《內板經書記略》云：

> 凡司禮監經廠庫內，所藏祖宗累朝傳遺部書典籍……即庫中見貯之
>
> 書，屋漏浥損，鼠齧蟲巢，有蛀如玲瓏板者、有塵霉如泥板者，放失虧缺，
>
> 日甚一日，若以萬曆初年較，蓋已什減六七矣。〔註34〕

典籍的保存端賴人工勤於管理，別無他法，假使管理不善，除了容易散失外，往往成爲蠹蟲果腹之物。古時保護典籍之重要方法之一就是「曝書」，如孫慶增《藏書紀要》所記曝書的方法如下：

> 曝書須在伏天，照櫃數目挨次曬，一櫃一日，曬書用板四塊，二尺闊，
>
> 一丈五六尺長，高凳擱起，放日中，將書腦於上面，兩面翻曬，不用收起，
>
> 連板檯，風口涼透，方可上樓。遇雨抬板連入屋，擱起最便，攤書板上，
>
> 須要早晾，恐汗手拿書，沾有痕跡，收放入櫃亦然。入櫃亦須早，照櫃門
>
> 書單點進，不致錯誤。倘有該裝釘之書，即記出書名，以便檢點。收拾曝
>
> 書，初秋亦可。〔註35〕

除曝書外，尚有許多防霉避蠹的方法，不過以曝書爲最主要。曝書程序繁瑣如前述，明政府雖有專司，然而效果不彰，蓋因缺乏多學博治的官員細心綜核整理，並且內官之升沉發跡與廠庫經營的勤惰無關，所以居此官者，多長於避事，鮮識大體，無怪將文化遺產視若泥沙。

三、人爲破壞

典籍遭人爲的破壞，大略可分爲二種情形：（一）偷盜典籍及書板；（二）戰火破壞。人爲破壞的程度較前述二項爲嚴重。

〔註33〕參見陳登原《古今典籍聚聚考》頁 225 所引。

〔註34〕明・劉若愚，《酌中志》卷十八，收入《百部叢書集成》六十，《海山仙館叢書》第七函，（台北：藝文印書館，1966）。

〔註35〕清・孫從添，《藏書紀要》，收入《百部叢書集成》四五，《士禮居黃民叢書》第三函，（台北：藝文印書館，1966）。

（一）偷盜典籍及書板

　　明官書及書板有不少流失於管理人員之手，或者據爲己有；或者變賣市肆；或劈毀書板以禦寒……等不一而足。例如正德年間有楊升菴仗父之勢，潛入閣中竊書，如《萬曆野獲編》所記：

　　　　楊升菴因乃父爲相，潛入攘取，人皆信之。然乙亥年（正德十年，1515）
　　　　則新都公方憂居在蜀，升菴安得闖入禁地，至於今日則十失其八，更數十
　　　　年，文淵閣當化爲結繩之世矣！〔註36〕

同年，文淵閣主事李繼先奉命查對藏書，卻趁查書時，盜出大批圖書以爲己有，《明會要》有詳細之記載：

　　　　正德十年，大學士梁儲等，請檢內閣並東閣藏書殘闕者，令原管主事
　　　　李繼先等次第脩補，從之。由是，其書爲繼先等所盜，亡失者多矣！

再者，如司禮監經廠庫之藏書及書板，除遭蟲蛀塵霉外，被竊出貨賣或用以他途者，不可勝數。《酌中志》「內板經書記略」云：

　　　　……多被匠夫廚役偷出貨賣，柘黃之帖，公然羅列於市肆中，而有寶
　　　　圖書，再無人敢詰其來自何處者，或占空地爲圃，以致板無曬處，濕損模
　　　　糊，甚致劈毀以禦寒，去字以改作……。〔註37〕

以上種種所舉，實令人有「焚琴煮鶴」之惋嘆！

（二）戰火破壞

　　明官書最大之損害，莫過於崇禎末年流寇縱火京城之舉。崇禎十七年（1644）流寇李自成橫闖北京，焚掠大內宮殿，延及內閣秘藏，蓋自宋迄明末五百餘載的館閣藏書，在此次火劫中所賸無多。錢牧齋對李闖作亂毀及典籍，有如下的喟嘆，如《有學集》所云：

　　　　嗚呼！往古無論矣！自有宋迄今五百餘載，館閣秘書，存亡散聚之
　　　　跡，可按而數也。……以二祖之聖學，仁、宣之右文，訪求遺書，申命史
　　　　館，歲積代累，二百有餘載。一旦突如焚如，消沉於闖賊之一炬，內閣之
　　　　書盡矣。……自有喪亂以來，載籍之厄，未之有也。……兵火焚掠，彌亙
　　　　四方，今則奇書秘冊，灰飛煙滅，又不知其幾何也！世變凌遲，人間之圖
　　　　書典記，日就漸減；今日之流傳委巷，冊兔園者，覆醬瓿者，安知異日不
　　　　爲酉陽之典，而羽陵之蠹乎？〔註38〕

〔註36〕明・沈德符，《萬曆野獲編》卷一，「先朝藏書」條。（台北：新興書局，1976）。
〔註37〕清・龍文彬，《明會要》卷二六，學校下，頁42。
〔註38〕清・錢謙益，《有學集》卷二六（台北：商務印書館，1945）。

蓋明政府圖書散佚情形之嚴重，已如前述，文化遺產所遭受的破壞足令人扼腕。至
於倖存之少數圖籍，歷經四、五百年尚能流傳於人間，堪稱書林幸事。茲就有限的
書目調查，整理出現存明代中央政府刊刻的書目，見書後之附錄〈明代中央政府刊
刻之現存書目〉。

第五章　從中央政府刻書分析明代的文化政策

自明室開國以來，即以掃蕩胡風、繼承華夏道統為己任，制定各種典章制度，以為立國治民之根本。洪武六年（1373）太祖諭禮部尚書牛諒曰：

> 自元氏廢棄禮教，因循百年，而中國之禮變易無盡。朕即位以來，夙夜不忘思有以振舉之，故嘗命爾禮部，定著禮儀，今雖已成，宜更與諸儒考議，斟酌先王之典，以復中國之舊，務合人情，永為定式。〔註1〕

太祖為締造一個郁郁文哉、長治久安的大明帝國，開國後即積極建立一套王朝的價值系統，作為教化治民、安定社會秩序的最高指導原則，首先以正禮法為建國先務，他說：「明禮以導民……定律以繩頑。」「威人以法，不若感人以心，敦信義而勵廉恥，此化民之本也。」〔註2〕認為治民必先治心，必須從建立道德價值觀念著手，且要能深植人心。隨著各種禮法律令的制定與實施，這套價值系統日益鞏固，「明禮」、「定律」、「教化」成為立國的三大柱石，而圖書出版的文化政策則正是推行此一價值系統、達到有效統御的重要環節。

在統御式的價值系統下，推行政治導向的文化政策，對於具有傳播性的圖書徵編、印刷、出版、流通等，可分為積極的與消極的兩套文化政策，分述如下。

第一節　積極的文化政策

積極的文化政策，可從制訂禮樂律令以導民化俗；博徵歷代典範以為臣民殷鑑；

〔註 1〕《明大祖實錄》卷八二。

〔註 2〕《明太祖實錄》卷二五三、卷四四。

徵訪編修與出版傳播等三部分來討論：

一、制訂禮制律令以導民化俗

明太祖在位卅一年間，爲重興禮教，恢復華夏文化，積極制定禮制、彝典、律令等，一方面做爲立國治民的基礎，一方面做後世子孫依循的準則，一如《皇明祖訓》所稱：「立法垂後，永爲不刊之典。」〔註3〕成祖也推崇：「我朝大經大法，皆太祖皇帝所立，以傳子孫。」〔註4〕太祖制禮之用心，可舉一例來說明，洪武六年（1373）太祖即命禮部尚書編定《禮儀定式》，後以內容不夠詳盡，經過十四年的參酌考訂，至洪武廿年（1387）始編訂完成，此書今已亡佚，但其編纂之愼重可見一斑。

明初禮制之書還有如仿唐宋之制，以吉、凶、軍、賓、嘉五禮爲綱的《大明集禮》五十卷（洪武三年九月書成）；制訂官吏品階勳錄的《大明官制》十六卷（洪武廿五年書成）；依唐六典之制，設官分職的《諸司職掌》十卷（洪武廿六年三月書成），以及文武百官爲政體統的《爲政要錄》一卷（洪武卅年正月書成）等等十餘種。禮書陸續頒行全國，使臣民皆有所依循，成爲明禮而守分的社會藍本。

太祖以後編制禮書的皇帝還有英宗、世宗，如英宗朝的《諸司職掌續編》，世宗朝的《明倫大典》與重印《大禮集議》。《明倫大典》的纂修，係因「大禮議」事件而起，當事件稍見落定後，世宗爲明人倫、正綱紀，修纂《大禮全書》，於嘉靖六年（1527）書成時更名爲《明倫大典》，該書除詳記大禮議的經過與議論內容，並重申倫理綱常的政治秩序，強調君尊臣卑的界限。此外，世宗也因議大禮而衍生對重要國家祭祀做重大的變革，成爲明代制禮的另一段高潮期。

在律令方面，爲建立明確的法律威信，規範百姓日常言行舉止，防止「頓挫奸頑」，使「循分守法」以「保其身」〔註5〕，《大誥》與《大明律》的制訂足堪代表。《大誥》編定於洪武十八年（1385），《續編》、《三編》、《武臣大誥》在兩年間也陸續頒行全國，太祖明令全國每戶必備置《大誥》一本，倘若臣民犯罪，可因而減輕罪名，反之，則罪加一等。如《大誥》七十四條云：

> 朕出是誥昭示禍福，一切官民諸色人等，戶口有此一本，若犯笞杖徒流罪名，每減一等，無者每加一等，所在臣民，熟視爲戒。〔註6〕

〔註3〕同前註，卷二四一。
〔註4〕明・余繼登，《典故紀聞》卷六。
〔註5〕《明太祖實錄》卷二三九、卷四九。
〔註6〕《大誥》卷一，明初內府刊黑口本。

明代以此種方式約束臣民實為史上罕見，尤有甚者，除每戶必備《大誥》之外，最好須熟讀背誦，當做趨吉避凶的寶典。如成祖曾對一名執勤時口中朗朗誦經的守衛斥責說：

> 若閒暇之際，口欲誦念，則太祖皇帝御製《武臣大誥》等書，其中皆趨吉避凶，保富貴之道，爾取讀誦，亦於身家有益矣，今後若仍然宿衛之所誦經者，必罪不宥。〔註7〕

成祖以誦念佛經為罪，勸戒應誦念《武臣大誥》，從這個小掌故則不難想見《大誥》的尊崇及其對臣民的影響。

另一部與《大誥》並重的律法為《大明律》，於洪武七年（1374）頒刊，內容大體依唐律制定，其中採用舊律者有二百八十八條，舊令改律者有廿六條，因事制律者有卅一條，掇《唐律》以補遺者有一百廿三條，總計六百有六條。現存的《大明律》凡卅卷，《附錄》一卷，隆慶二年（1568）刊本。太祖於自序中明令：

> 一切榜文禁例盡行革去，今後法司只依《律》與《大誥》。〔註8〕

足徵《大誥》與《大明律》在明代律法上的地位。

明朝法律之嚴峻，尤其在於倫理道德有關的刑罰，其苛酷處邁越前代。《明史‧刑法志》稱《大明律》「較前代往往加重」〔註9〕，除嚴苛的法律外，還施行重典重刑，雖然太祖宣布：「以後嗣君統理天下的，只守《律》與《大誥》，並不許用黥刺剕劓閹割之刑。」〔註10〕以及主張「刑不可縱馳，亦不可使過嚴。」〔註11〕但據統計，《大誥》中所列凌遲、梟示、種誅之罪者，凡幾千例，棄市之罪者多達一萬餘例〔註12〕，其律法之嚴酷足見。

總而言之，明代政府為思教化天下，採仿古治，繼承道統，並奠立臣民所當依循之禮法，從太祖所稱：「朕有天下，仿古為治，明禮以導民，定律以繩頑。」〔註13〕明顯可知。

「明禮」、「定律」乃是外在規範，「教化」則是內在的約束，太祖曾說：「天生蒸民有欲，必命君以主之，君奉天命，必明教化以導民，然生齒之。」〔註14〕指出

〔註7〕明‧余繼登，《典故紀聞》卷七。

〔註8〕《大明律》〈太祖序〉，明隆慶二年重刊本。

〔註9〕《明史》卷九三，〈刑法志〉。

〔註10〕《明太祖實錄》卷二三九。

〔註11〕同前註，卷一七九。

〔註12〕見吳晗，《朱元璋傳》（台北：活泉書屋），頁159。

〔註13〕《明太祖實錄》卷二五三，洪武卅年五月太祖至午門前諭告群臣。

〔註14〕《明太祖實錄》卷二五三。

人性多欲，故百姓須經教化才得成長，又說：「朕今爲天下主，期在明教化，以行先聖之道。」〔註15〕其教化百姓是與「先聖之道」配合的。

明王朝所認可的「先聖之道」，主要是宋代的理學，尤重道德倫理，主張「本於心者道德仁義」、「教化必本於諸禮義」〔註16〕以仁義道德的修養工夫爲「化民之本」〔註17〕。在教化百姓的同時，帝王也強調人君的自我修養，若「人君修身」則「風俗豈有不美，國家豈有不興」〔註18〕，因此，在上者能以身作則，天下百姓能明禮知恥，必可美化風俗、興國安邦。

教化除普遍規範百姓的道德修養、倫理生活外，並通過學校教育和科舉制度，達到統制思想的目的。明太祖以爲：「致治在於善俗，善俗本於教化。」〔註19〕固然強調教化之於治國的重要性，但也指出了教化最大的目的還是政治性的。

二、博徵歷代典範以爲臣民殷鑑

明太祖以布衣而有天下，自感創業不易，可與歷史上漢高祖並稱，爲開天下一統的基業，更爲後世子孫奠立楷模典範，特別援引許多歷史古事爲借鏡，做爲後代依循效法之跡，如太祖敕編《存心錄》所云：

夫水可以鑒形，古可以鑒今。是編（指《存心錄》）所爲善惡，豈止行之于今，將俾之子孫，永爲法守。〔註20〕

《存心錄》係爲儆戒皇室子孫之書。太祖也曾與諸臣論到歷代禍亂的根源，認爲有六項，即女寵、寺人、外戚、權臣、藩鎮與四裔〔註21〕，爲防範未然、知所鑑戒，因而大量編纂各類鑑戒之書，其後幾朝皇帝也起而效尤。採擇做爲鑑戒的範例，皆選自歷代史事典故編輯而成。

綜觀明代御製鑑戒之書，約可分五種類型：

（一）鑑戒皇室子孫：多採自古代賢君、昏君興亡得失之例，以及各朝祖宗之謨訓，
　　　以爲考鏡，並佐以歷代感應、祥異之事訓示子孫，以保朱明國祚。

（二）鑑戒宗藩：採輯歷代宗室諸王爲善、爲惡之事，法戒各藩王，勿以叛服王室
　　　爲務，應以忠君保國爲任。

〔註15〕同前註，卷四四。
〔註16〕同前託，卷六六。
〔註17〕同前註，卷二六。
〔註18〕同前註，卷二〇二。
〔註19〕同前註，卷九六。
〔註20〕《明太祖實錄》卷六七。
〔註21〕王止峻，〈談明太祖的文治〉，《醒獅》第十三卷第六期(1975.6)。

（三）鑑戒朝臣：纂輯歷代爲相、爲臣之例，並古代災異應驗於臣者，善可爲法，
　　　惡可爲戒，以及名臣直言之奏疏，以資朝臣之借鏡。

（四）鑑戒后妃：採輯古代賢妃、列女之事例，以爲各朝后妃之楷模。

（五）綜論：包含君臣、父子、夫婦、兄弟、朋友之道，以敬天法祖，忠君事親爲
　　　教；以化民成俗，復古法道爲旨。

　　茲按以上五類，將各種鑑戒之書表列於下：

（一）鑑戒皇室子孫者，凡十種

書　名	卷　數	成書年代	編撰者	要　　旨
存心錄	10	太祖洪武四年	劉三吾等	輯歷代祭祀、儀注、感應、祥異，訓示子孫。
辨奸錄	1	太祖洪武六年	宋濂等	輯歷代奸臣事跡。
儲君昭鑑錄	1	太祖洪武年間	明太祖	輯經傳格言，訓示太子。
文華寶鑑	1	成祖永樂二年	明成祖	輯自古以來嘉言善行，有益太子者爲書。
聖學心法	4	成祖永樂七年	明成祖	輯古聖賢自六經諸史至宋儒事跡。
務本之訓	1	成祖永樂八年	明成祖	輯古聖賢之君，昏亂之主，興亡得失可爲鑑戒者。
帝　　訓	1	宣宗宣德三年	明宣宗	述帝王要道，並以類析之。
歷代君鑑	50	景帝景泰四年	李賢等	輯自五帝三王及漢唐以來諸君之善惡以爲鑑戒。
文華大訓	28	憲宗成化十八年	明憲宗	輯自三代以來，賢君之言行及明皇祖宗之謨烈。
帝鑑圖說	不分卷	穆宗隆慶六年	張居正、呂調陽	輯自唐虞至宋代，理亂興衰得失可爲勸戒者，並因事繪圖，以備觀覽，而資考鏡。

（二）鑑戒宗藩者，凡四種

書 名	卷數	成書年代	編撰者	要 旨
宗藩昭鑑錄	5	太祖洪武六年	陶凱、張籌等	輯漢唐宋以來諸王所爲善、爲惡之事實。
紀非錄		太祖洪武廿六年		諸歷代藩王之罪惡，以訓示周、齊、譚、魯諸王。
永鑑錄		神宗萬曆十年		輯歷代宗室諸王爲惡悖逆者，編類敘其例
宗藩要例		思宗崇禎八年		輯明代以來各朝宗藩事例刪繁撮要。
古今宗藩懿行考	10		潞王撰子常涝輯	輯兩代兩漢以下至元，各代藩王之行事可取爲法者。

（三）鑑戒朝臣者，凡九種

書 名	卷數	成書年代	編撰者	要 旨
臣戒錄	10	太祖洪武十三年		纂錄歷代諸侯、宗戚、宦官之屬，悖逆不道之事例。
相鑑	20	太祖洪武十三年	吳沈等	取兩漢以來爲相之事例，分「賢臣傳」與「奸臣傳」兩類。
省躬錄	1	太祖洪武十九年	劉三吾等	輯漢唐以來，災異之應於臣者。
志戒錄（歷代奸臣傳）	1	太祖洪武十九年	劉三吾等	輯晉里克及宋劉正彥等爲臣悖逆者，凡百餘事例。
世臣總錄	1	太祖洪武廿年	劉三吾等	輯歷代爲臣惡善可爲勸懲之事例。
歷代名臣奏議	350	成祖永樂十四年	楊士奇等	輯古名臣直言之奏疏。
外戚事鑒	5	宣宗宣德九年	明宣宗	輯自漢以下歷代戚里之臣，其善惡之跡，並其終所得吉凶。
歷代臣鑒	37	宣宗宣德九年	明宣宗	輯春秋以來二千餘年，凡臣之行爲善惡大概。
官箴	35	宣宗宣德七年	明宣宗	取古人箴儆之義，凡中外諸司自都督府，六部、都察院以下，各著箴一篇。

（四）鑑戒后妃者，凡五種

書　名	卷數	成書年代	編撰者	要　旨
女誡	1	太祖洪武元年		輯古代賢妃之事例。
古今列女傳	3	成祖永樂元年	解縉	輯三代至明初后妃，及諸候大夫士庶人事之事例。
仁孝皇后內訓	1	成祖永樂二年	仁孝皇后	補《女誡》、《女憲》、《女則》之不足。
仁孝皇后勸善書	20	成祖永樂元年	仁孝皇后	輯儒釋道三教勸善懲惡之言。

（五）綜論者，凡六種

書　名	卷數	成書年代	編撰者	要　旨
資世通訓	1	太祖洪武八年	明太祖	分君道、臣道、民用三部分，以化民成俗，復古治道爲首。
精誠錄	3	太祖洪武十六年	吳沈等	輯古聖賢敬天忠君孝親之言，散見於《六經》、《論》、《孟》、《左》、《國》諸書。
通鑑博論	3	太祖洪武廿九年	寧王朱權	輯自盤古迄元代，歷代天運繼統及歷代變革報復之驗，報復之由，以明天道好壞之理，爲史書之心鑑。
爲善陰隲	10	成祖永樂十七年	明成祖	輯傳記中身致顯榮，流芳千古之事蹟。
五倫書	62	英宗正統十二年	宣宗敕編未成英宗命臣續編而成	輯經傳中嘉言善行，有關君臣、父子、兄弟、夫婦、朋友之道者，類編而成。
鑒古韻語	2	世宗嘉靖五年	孫承恩	摘取尚書中善惡之事，編成韻語以爲法戒。

三、徵訪編修與出版傳播

此方面的討論已詳述於本書第二、三章，此處僅做統整式的論述。

關於徵訪前代或散佚的圖書，明代幾位皇帝如太祖、成祖、英宗、孝宗、世宗等爲保存古代典籍皆不遺餘力。太祖自比漢武帝購求天下遺書，爲鼓勵民間獻書，下令去除書籍稅，發表「克燕京詔」，指示將元代秘閣所藏，悉數送至金陵，置秘書監管理，並派禮部至各地蒐購散落民間遺書。永樂朝因不計價錢向民間購求書籍，一時間匯集了南北祕閣典籍，成爲著名的文淵閣藏書。移都北京後，將南京文淵閣圖書船運北京，至正統年間楊士奇點校，輯爲《文淵閣書目》，前代典籍至此得到妥善的保存。弘治時期，因內閣藏書不少書籍、書板霉爛、蟲噬嚴重，又有部分盜取散佚，不及原先收藏的十分之一，大學士邱濬因此奉請檢視內閣藏書，並至各地購訪缺者。嘉靖時也因內閣書籍不全，至民間借調原書謄抄，以補闕遺，並命翰林院查對秘閣藏書，將歷代藝文志中的佚籍，或當朝名臣碩儒著述，凡有助於教化的書，皆採錄收藏。

在編修圖書方面，可稱是明王朝計畫性的文化政策，以御製書爲例，約有百餘種之多〔註22〕，包括御定、御編、御選、勅撰、勅編等等，絕大部分是爲配合明禮教化的文化政策而作，內容以「明禮」、「定律」、「教化」爲依據，類別涵括禮制、法律、鑑戒、教育等方面。前三類已說明於前，此不贅述。關於教育之書則是在儒學教育的方針下編訂教科書，如成祖爲闡明《四書》《五經》的經義，以及宋儒的性理諸書，令大學士胡廣纂修《五經集註大全》、《四書集註大全》及《性理大全》，又採輯古代傳記中人物事蹟與嘉言善行，編成《爲善陰騭》、《孝順事實》等，以上諸書都列爲中央官學的主要教材，科舉考試也據此範圍命題。

由於明代刻書出版事業的繁盛，可稱已達於古代中國印刷史上的巔峰〔註23〕，出版業的發展固與印刷技術的提昇、民間文化的需求有關，更重要的則是政治環境提供了發展條件，如明初免除書籍稅，推行出版免稅制度，鼓勵官方與民間刊印書籍，加上政府大量編修圖籍，推廣頒行至全國，都促進刻書出版事業的活絡與蓬勃。在中央政府的帶動下，全國刻書事業無論在刻書機構、刻書地區、社家書肆與出版數量上，均盛況空前。清袁棟《書隱叢說》指出：「官書之風至明極盛，內而南北兩京，外而道學兩署，無不盛行雕造。」〔註24〕正指出明代官府出版的盛況。官府出版最重要的兩大刻書機構爲「內府」和「國子監」，分別代表中央政府和學校教育系

〔註22〕李晉華，《明代敕撰書考附引得》，（哈佛燕京學社引得特刊三）。
〔註23〕李致忠，《歷代刻書考述》（成都：巴蜀書社，1990），頁211。
〔註24〕清・袁棟，《書隱叢說》。

統。此外，中央各部院如禮部、兵部、都察院、太醫院、欽天監等機構，與地方各省布政使、按察使，各地儒學與各藩府都盛行刻印出版。

明朝政府廣頒圖籍至各階層、各機關，通過圖書文字的傳播力量凝聚臣民的向心力，是使朝野上下共同恪遵王朝價值系統的最佳管道。如編定的各類鑑戒之書，依其性質分別頒賜太子太孫、大臣、后妃、藩府等。爲推廣學校教育，多次頒賜《四書五經大全》、《性理大全》等書於南北國子監及各省府州縣學校。

此外，對周圍鄰近國家也分別賜贈書籍，包括遼國、高麗、日本、琉球、暹羅等，以書籍做爲商品或禮物賜贈鄰邦，自古由來已久，明朝一方面顯示天朝上國之姿，一方面爲國防安全而計畫性的贈書鄰邦〔註25〕，其中以曆書、經史圖書與勸善書籍爲大宗。

第二節　消極的文化政策

消極的文化政策，可分爲文字管制與制義拘限；改編經典與刪削史料；統制朝廷刊物與管制民間出版三部分來討論：

一、文字管制與制義拘限

自洪武朝起，即對文字管制得相當嚴格，明太祖的猜忌多疑，較之漢高祖猶有過之，在位期間不時興起文字獄，在朝爲官者或民間百姓於撰寫奏章、賀表、論著、或詩文等，莫不戒愼恐懼，惟恐一字一句招來殺身之禍，甚至累及家族，有關文字獄的種種事蹟見諸史書，顧頡剛〈明代文字獄禍考略〉一文考證甚詳〔註26〕，不另載述。

其次，通過學校教育與科舉制度，明代官方限定讀書人研讀的範圍，也限制經典的傳註內涵，不但束縛讀書人的才思，也強化了思想禁錮。明代科舉以「制義」取士，最初略仿宋代之經義〔註27〕，當時士人經義皆用古人注疏，再參照程朱兩家的傳注，行之漸久易落入窠臼，至明代中期以後則僅限定朱子一家的註解，致使文人才思大受限制，難有發揮。

〔註25〕見拙作，〈宋明政府之域外賜書與書禁探研──以韓（高麗、朝鮮）日二國爲例〉，收於《第三屆中國域外漢籍國際學術會議論文集》（台北：聯合報基金會國學文獻館，1991），頁145～160。

〔註26〕顧頡剛，〈明代文字獄禍考略〉，《東方雜誌》三二卷，十四號（1935.7），頁29～30。

〔註27〕宋神宗時王安石變法，科舉尊經義爲主，即依古人之註疏解釋經書，並以所著《三經新義》與《字說》二書列爲課程。

　　國子監爲全國最高學府，其進講讀本的內容以《四書》、《五經》爲主，兼講《大誥》、《大明律令》、《爲善陰隲》、《孝順事實》，其次爲《性理大全》、《通鑑綱目》諸書〔註28〕，科場考試「專取《四書》及《易》《書》《詩》《春秋》《禮記》，五經命題取士。」〔註29〕《大誥》、《大明律令》乃學子將來爲官時必備之書，《四書》《五經》爲儒家經典，修齊治平之道皆在其中，皆有助於日後仕途之用，然而經典義理卻被侷限於程朱二說，甚至後來更捨程取朱，倘科場經義採二程傳註之說者則被黜除，讀書人爲投其所好，遂靡然從風，專逐朱子一家之說。陸容《菽園雜記摘抄》云：

> ……讀者嘗欲買《周易傳義》，爲行篋之用，遍杭城書肆求之，惟有朱子本義，兼程傳者絕無矣。蓋利之所在，人心趨之。市井之趨，利勢固如此，學者之趨，簡便亦至此哉！〔註30〕

　　陸容感慨一般市井中受科舉的影響，二程之說已絕版於書肆，更感慨學子們爲功名利祿而投其所好。不過，當時整個學風環境已然，讀書人爲求出路，多半也只有追逐潮流一途了。

　　就文體風格的角度來看，明初文事體制尚佳，但流傳日久，逐漸淫泆自咨，如洪武永樂之際，文風尚稱「渾厚純樸，直而不俚」，宣德以後「體格卑弱，風骨慚然」，弘治正德年間，則浸淫之風稍作復振。但至嘉靖時期，又反回前期的局面，也就是「纖縟者麗而不雅，棘鉤者怪而不典，澶漫者濫而不裁。」〔註31〕明代文事的日轉下流，與文人追逐經義、八股取士有密切的關係，按明代「八股」成爲定式約始自成化年間（1465～1487），在此之前，經義之文不過敷衍傳註而已，作文對偶與否並不受限制〔註32〕，但自成化以後，科舉考試的型式日趨偏狹，不但古代經典被死死設定，讀書人的才思亦被框限，乃至呈現以下的現象：

> 目不知書，惟習括帖；身不居業，惟事鑽求，主司以是而信其才，銓曹以是而隆其選，嗚呼！科舉如此，況于昏耄之貢途乎？又況于卑賤之吏役乎？〔註33〕

明末顧炎武痛陳八股之害，等於焚書，其敗壞人心，與當年咸陽郊所坑四百六十餘

〔註28〕明・郭鑿，《皇明太學志》卷下，〈政事〉上，明嘉靖三十六年刊本。
〔註29〕《明史》卷七十一，〈選舉志〉。
〔註30〕明・陸容，《菽園雜記摘抄》卷七，收入《紀錄彙編》卷一八六，《元明善本叢書》第十種（台北：商務印書館，1969）。
〔註31〕明・田藝蘅，《留青日扎摘抄》卷四，收入《紀錄彙編》卷一九〇，《元明善本叢書》第十種（台北：商務印書館，1969）。
〔註32〕明・顧炎武，《日知錄》卷十六（台北：商務印書館）。
〔註33〕明・田藝蘅，《留青日札摘抄》卷四。

人相比，今日八股受害者更甚於此〔註34〕，感嘆天下人才遭受場屋消磨敗壞的結果，幾乎已是「士不成士，官不成官，兵不成兵，將不成將」〔註35〕的嚴重地步了。

　　八股取士爲限定士人思想，而士人爲謀求仕途，必須投朝廷之所好，長期下來唯有仰承尊君權臣之鼻息，盲從附和一家之說，思想自然受到拘限，無法騁馳活潑。集權政治通過教育與科舉，合以出版的管制，形成一貫流程的文化策略，一方面利用文字的教化與傳播力量，達到宣導王朝價值系統的目的；另一方面則限制文字傳播的內涵，管制教育學習的範圍，使學子在受教過程裡已雕琢形塑於無形之中。

二、改編經典與刪削史料

　　明代爲政治意圖改編圖籍，包括古代經典、對前人註解的限制，以及對經典文字與史料的刪削，最具代表性的不外是《孟子節文》與《永樂大典》的編纂。

　　明代政府雖是以儒家爲教化基石，尊崇孔孟之教，卻又懼於孟子學說中的民本思想，有礙君權專制的發展，明太祖因而下令刪節《孟子》中詞意「抑揚太過者」〔註36〕，茲舉幾條內容如下：

　　　　〈盡心篇〉：民爲貴，社稷次之，君爲輕……。

　　　　〈梁惠王篇〉：國人皆曰賢，國人皆曰可殺。

　　　　〈離婁篇〉：桀紂之失天下也，失其民也，失其民也，失其心也。

　　　　〈萬章篇〉：天視自我民視，天聽自我民聽。

　　諸如以上所列，《孟子》一書中被太祖指出違背「仁義」之道、不合「教化」者凡八十五條，下令一併刪除，僅保存所餘一百七十餘條，另輯爲《孟子節文》刊印成書，頒行各級學校，規定刪削部分「謀士不以命題，科舉不以取士」〔註37〕，即節文之外的文字不得作爲科考的命題。如此跋扈顢頇的做法，正好說明了明代王朝對科舉的專擅與荒謬。

　　又太祖以宋儒蔡沈《書傳》有所批評，認爲該書中對「咎繇」和「惟天陰騭下民」二處的注疏有誤，遂命儒臣劉三吾改正，編爲《書傳會選》〔註38〕，明代帝王如此刪改前人的著作，全無顧念學術的尊重與文獻的保存，頗令人捏把冷汗。

　　此外，成祖命胡廣編纂的《四書集註大全》、《五經集註大全》及《性理大全》，

〔註34〕清·顧炎武，《日知錄》卷一六，〈擬題〉。

〔註35〕清·顧炎武，《亭林文集》卷二，〈生員論〉。

〔註36〕《明史》卷一三九，〈錢唐傳〉。

〔註37〕《明史卷》一三九，〈錢唐傳〉五十四卷。清·全祖望，《鮚埼亭集》卷卅五，〈辨「錢尚書爭孟子事」〉。明·劉三吾，《孟子節文題辭》；吳晗，《朱元璋傳》，頁121。

〔註38〕清·姚之駰，《元明事類鈔》卷廿一，《四庫全書珍本》第一輯（台北：商務印書館）。

雖然書名上稱「集註」「大全」，但卻名實不符，其中內容經過主觀篩選取捨之處甚多，如《四書集註大全‧凡例》所稱：

> 四書大全朱子集註，諸家之說分行小註，凡集成輯釋，所取諸儒之說，有相發明者，采附其下，其背戾者不取。〔註39〕

該書的編排以朱註為主，經揀選過的諸家集說列為小註，其取捨之法自不出尊君權、抑民主的導向。

再者，明政府列出不許臣民誦讀的古書，尤忌戰國縱橫家的理論，例如：

> 蘇秦、張儀，繇戰國尚詐，故得行其術，宣戒勿讀。〔註40〕

職是之故，古代經典、前儒註解或前人學說，都被「死死說定，學者但據此略加敷衍，湊成八股，便取科第，而不知孔孟之書為何物矣！」〔註41〕。明代讀書人無論在學校學習或是科舉取向，皆追逐已設定的偏狹軌道，觀念與視野皆受到侷限，自然缺乏創造能力，早在洪武時期的老儒臣宋濂已指出科舉的缺陷，他說：

> 自貢舉法行，學者知以摘經擬題為志，其所最切者，惟四子一經之箋，是鑽是窺，餘則漫不加省，與之交談，兩目瞪視，舌木強不能對。〔註42〕

宋濂所指已是當時觀察到的現象，已見士子文墨貧乏、思想空洞的問題，但後來政府在科舉取向上未建革新，反只有往死胡同裡鑽。正統初年，曾有南畿提學彭御史認為《五經四書大全》討論不夠清晰明確，便自行刪改訂正，另輯為一書，擬於繕寫後上呈朝廷，後因顧慮《大全》的序是皇帝親製，倘擅自改動制書，恐有殺身之虞而作罷。〔註43〕嘉靖八年，太僕寺丞陳雲章獻上自註的幾部書，其中包括《大學疑》、《中庸疑》、《夜思錄》等，世宗命所註諸書暫時擱下，前列三部書則全數銷毀，並且下令：「有踵之者，罪不赦。」〔註44〕嘉靖廿九年，廣東僉事林希元（1481～1565）認為朱子《大學》經傳編次應有所改變，撰有《大學經傳定本》及《四書存疑》、《易經存疑》，送呈世宗並請刊布，世宗下令焚其書，並奪官治罪〔註45〕，按林希元以博學多聞為名，所著之書頗有見地，然《四書》的詮釋權在官方不在私人，故因觸犯禁忌而得咎。

關於刪削史料方面，以永樂朝編纂《永樂大典》最為典型。成祖登基之後，面

〔註39〕明‧胡廣，《四書集註大全‧凡例》，明內府刊本。
〔註40〕明‧黃佐，《南雍志》卷一。
〔註41〕明‧何良俊，《四友叢齋說》卷三。
〔註42〕明‧宋濂，《鑾坡集》卷七，〈禮部侍郎曾公神道碑銘〉。
〔註43〕明‧陸容，《菽園雜記抄》卷二。
〔註44〕明‧沈德符，《萬曆野獲編》卷廿五。
〔註45〕明‧沈德符，前引書。

對各地因靖難事件不平的意見，便借著稽古右文的做法，以消弭草野私議，開啓秘閣圖書纂修《永樂大典》，召聚大批知識份子參與，冀借耗時費力的編纂工作，可無形中消弱知識分子批評與反抗的聲音。其中主要做法就是銷毀史料，下令建文時期有關靖難事件數千份的公文悉數焚燬，只留下農桑、禮樂方面的文獻。事畢，永樂皇帝還笑問執行此一禁令的解縉等人說：「卿等當時應皆有之。」使解縉等皆愕然不敢以對。〔註46〕古來「董狐之筆」向爲帝王所最畏懼，故明成祖採取對史料上下其手，確有助於整齊思想之效。

三、統制朝廷刊物與管制民間出版

明朝訂立法令管制御製書與朝廷刊物的刻印流布，由於御製書是皇帝施行政令、教化的重要典籍，從中央的各部府院至地方的府州縣，乃至民間皆大量刊印出版，政府嚴格禁止臣民增刪御製書，在各地方翻刻時也不許出現訛錯。如明初頒布的《大誥》與《續編》、《三編》，因規定每戶必備一部，下令各地政府大量刊印流傳，一來嚴禁民間隨意翻刻，二來各地政府應依官方刊本爲翻刻依據，若出版時出現錯誤，則所司提調與刊印者皆懲以重罪。〔註47〕

在《大明律》中對於臣民當尊敬御制書有明確的規定，凡有不敬或更改者，其罪重不可赦，列舉幾條相關的條例，以資參考：

「棄毀制書」條：凡棄毀制書及起馬御寶聖旨，起船符驗，若各衙門印信及夜巡銅牌者，斬。

「詐僞制書」條：凡詐僞制書，及增減者，皆斬。未施行者，絞。傳寫失錯者，杖一百。

「盜制書」條：凡盜制書，及起馬御寶聖旨，起船符驗者，皆斬。〔註48〕

由於制書出自帝王之手，故視同聖旨，前列三條律令皆是嚴禁臣民對制書毀棄、擅改、增刪或偷盜，倘觸犯律令，則罪重可誅。例如成化二十年（1484）五月無錫陳公懋進呈刪改的《四書朱子集註》，憲宗下命銷毀治罪。〔註49〕嘉靖十一年（1532）湖廣荊州府刊印《大明律讀法》，全書首載《大明律》全文，其次撰文闡釋御製諸書中與《大明律》相互發明之處，再次記載欽定條例與諸家註解等內容，書成之後呈給世宗，世宗怒責：「《大明律》乃聖祖欽定，孫存乃敢擅自增釋，輒行刊刻，以紊

〔註46〕明・趙善政，《賓退錄》，見陳登原《古今典籍聚散考》卷一，〈政治卷〉引。

〔註47〕見《大誥續編》。

〔註48〕黃彰健，《明代律例彙編》卷三、卷二四，（《中央研究院史語所專刊》之七十五）。

〔註49〕明・沈德符，《萬曆野獲編》卷廿五。

成典，……下巡按御史問，書板燬之。」〔註50〕由此例顯示明代御製書的崇高地位，後世子孫不得擅自解釋，即便是附和闡釋的文字也不許。

明代民間出版業已相當普及，尤其至嘉靖時期更是鼎盛，連一般士大夫也雅好刻書出版之務。當時的政府雖然鼓勵民間出版，卻也嚴格考核出版內容，倘有不合王朝教化理念或批評時政議論的，恐皆爲禁燬之列，撰著者也將懲治，故此因編書、著書而惹禍上身的不乏其例。

在史書編纂方面，如洪武年間陳子桱作《通鑑續編》，因內容議論明初群雄之事，用字遣詞不當，而遭殺身之禍，並株連全家。〔註51〕隆慶時，廣東莞縣人陳建編撰《皇明資治通紀》，記載自元至正11年（1351）至明正德16年（1521）止二百餘年間的史事，內容採攘野史與四方傳聞，穆宗以實錄史事中央儒臣纂修，且藏於秘府，豈可由私人撰寫，斥責陳建觸犯「自用自專之罪」，命禮部焚燬。〔註52〕有因獻古人之書而被斥者，如正統七年（1442）東昌府通判傅寬進呈周敦頤《太極圖說》，英宗以爲該書僻謬悖理而斥回，並下令不准以此書耽誤後學。〔註53〕在儒學思想方面，如永樂三年（1405）饒州府儒士朱季友著《書傳》，不僅攻擊濂洛關閩學說，也駁斥周張程朱等諸家觀點，成祖斥之爲：「此德之賊也。」〔註54〕盡搜其書焚燬，朱氏亦遭廷杖百板。萬曆間李贄因訾議孔孟程朱，批評社會充斥著假道學，不時諷刺時政，言論激烈，後遭衛道者彈劾入獄，最後自刎於獄中，其生平著作無論已刊或未刊之書，皆一併被焚燬，如著名的《焚書》、《藏書》等著作都入禁書之列，不准民間流傳。官方曾在成化年間榜示禁燬書目，多達百餘種〔註55〕，固以荒誕不經之書爲多，不過除所謂的「妖書」外，明王朝爲達整齊思想的目的而禁燬之書則不止幾何？

李贄死後，一些迎合帝王整齊思想政策的朝臣，試圖強化管制的機制，如萬曆朝禮部尚書馮琦提出「畫一之法」，馮琦的〈正士習疏〉中指出李贄的言論惑世誣民，即使盡焚其書也不足「崇正闢邪」，遂請「取裁聖人之言與天子之制，而定畫一之法。」〔註56〕對於一切坊間新說，若有「決裂聖言」、「違背王制」的言論，皆令地方官銷毀，以達到思想言論「統於一」之目的，馮琦的言論內容從春秋的「大一統」論到

〔註50〕《明世宗實錄》卷一三七。

〔註51〕顧頡剛，〈明代文字獄禍考略〉，《東方雜誌》卷三二，十四期（1935.7），頁29～30。

〔註52〕明・沈德符，《萬曆野獲編》卷二五。

〔註53〕前引書。

〔註54〕明・沈德符，《萬曆野獲編》卷二五。

〔註55〕明・余繼登，《典故紀聞》卷十五。

〔註56〕明・孫承澤，《春明夢餘錄》卷四十，〈禮部〉二。

政府的「畫一之法」，無異是秦時李斯的做法，幸而未見明朝政府有具體的做法，否則對思想文化的摧殘將更甚。

第六章　結　論

　　朱明王朝從蒙元手中重建政權，使華夏文化得以延續，開國以來即力尊孔教，重視教育，以圖籍出版與傳播爲立國治民、發展文化的重要工具，從訪求遺書、編修圖書著手，進而大量刊刻圖書，廣頒天下臣民乃至鄰邦，其目的無非是致力於建立一文化的大國。

　　綜論明代中央政府的刻書出版，從其刻書盛衰情形來看，大致分爲前後兩期，前期以司禮監刻書爲主，是刊印御製書的鼎盛時期，集中於洪武、永樂、宣德三朝敕撰、敕修之書最多，正統朝以降漸趨寥落，乏善可陳；後期以南北二國子監刻書爲主，主要是修補宋元舊板與刊刻《廿一史》、《十三經》爲盛。大體而言，明代的官府刻書，由極盛而漸趨衰微，主要原因是自正統朝以後的皇帝，除弘治（孝宗）、嘉靖（世宗）兩朝尙屬雅好圖書外，其餘各帝多任書籍、書板散佚、霉爛，不知愛惜與保存，古籍的損失不算少數。

　　其次，從其出版數量與出版地位來看，司禮監刊刻的圖書種類與數量最多，南京國子監次之，北京國子監最少。明代首開內府刻書的先例，由司禮監太監主持刊印事務，歷朝皇帝又多倚重太監，不但使太監涉入朝政，更使掌握出版傳播的工具，刊刻的書籍以御製書爲主，又因司禮監深居內宮，接近帝室，御製書可就近開雕刊印，儼然成爲皇家的出版機關，故就出版地位而言，司禮監的地位是遠超過出版淵源已久的國子監。若將南北二國子監相較來論，則南監的出版地位高過於北監，主要是南京國子監建置在先，各項制度與規矩都已有規模，其又接收杭州所藏的宋元舊板，監中的幾任祭酒除教學外，都視修補舊書板或刊印圖書爲重任，故出版地位亦甚爲重要。北京國子監在明末已取代了南京國子監的地位，但已值官府刻書的衰微期。

　　再就刻書的外觀風格來看，因司禮監刊本承襲元代官方的刻書風格，以黑口趙

體字為主，又多以刊刻皇帝制書，故特別重視板式、字體的美觀，活潑不失端莊、渾圓而豐潤的趙體字型，無不是出自純熟之手所製；而大板框、大字型及堅韌細白的紙張都是主要特徵。國子監的板刻風格與司禮監則大異其趣，南監因板本的種類複雜，故板式、字體種類不一，都不能與內府刊本的精美相比，主要不同的特徵，在於板心上註明刊刻（或補刊）的年代與刻工姓名。北監則以刻書數量較少，又自萬曆以後幾乎與南監本的板式相同。不過，以上三個重要的官府刻書機關，皆因校讎不精，疏漏錯謬之處頗多，往往為後人詬病。

中央政府刻書出版原本就是國家文化建設的重要機構，也是國家文化政策的傳播工具。明代王朝通過出版管理，勾勒出明確的文化政策，從鞏固君權、維護王朝價值系統的立場出發，分採積極與消極的雙重做法，包括制訂禮樂律令，博徵歷代典範為鑑，規範教育內容，改編經典與管制民間出版等，無一不是為明王朝的文化發展與走向畫定一個邊框。

就歷代典籍的保存與整理方面而言，可謂是功過參半，如明初的徵訪遺書，廣集各地宋元舊籍開始，幾朝皇帝尚知保存典籍，又經南北二京閣藏匯合整理，著名的文淵閣藏書，係集合宋、遼、金、元與明代前期共五百年間中秘藏書，縹緗之富堪稱空前，雖不足與漢代校書相媲美，卻也是貢獻不殊，並對日後《永樂大典》（成書於永樂六年，1408）的纂修有所助益。《永樂大典》匯集自先秦以迄明初七、八千種的著作，內容包羅至富，經過蒐羅、鉤沈、考辨、纂輯等，「凡經史子集之書，以及天文、地志、陰陽、醫卜、僧道、技藝之言，備輯為一書，毋厭浩繁〔註1〕。」許多失傳已久的文學作品或農業園藝、工藝技術等著作，皆可在《永樂大典》中找到，「卷帙之富，為明以前官書所未有。」〔註2〕這部二萬二千餘卷的類書，被公認為世界上最早最大型的百科全書，也為清代《四庫全書》的纂輯奠下相當的基礎。不過《永樂大典》的編修卻也相對損毀典籍的原貌，對於不合王朝教化而篡改、銷毀文獻及史料，其內容又「隨字收載，多係割裂瑣碎。」〔註3〕加速原典的散佚，《四庫全書總目提要》批評：「割裂龐雜，漫無條理。」不過，一些被採錄的書，在入典之後原書卻散佚不存，僅能見諸《永樂大典》，故而意外的保留了古代的書籍，此又非纂修時所能預料。

明代的教育承襲宋元學術，尤宗程朱理學，科舉取士限定於士子讀書範圍，考

〔註1〕《明太宗實錄》卷二十。
〔註2〕郭伯恭，《永樂大典考》〈作者序〉（台北：台灣商務，1967）。
〔註3〕清·劉統勳奏摺批評，見《永樂大典考》引。

試在內容限定「代聖人立言」〔註4〕，依命題揣摩古人語氣，不許發揮個人見解，讀書人的思考約束在固定程式之中，無形中拘囿了知識分子的思維和視野。明初大儒如宋濂、薛瑄等雖不滿於科舉制度，卻未能影響日後的發展，直至明末顧炎武仍痛陳其弊害甚於焚書。明代官方學術保守，壓抑士人思想的活力與創新，形成整體文化結構的保守與僵化，士人在政治壓力與文化專制下，多成盲目衛道的「質行之士」，而無「異同之說」〔註5，〕泥古保守與缺乏創新成為普遍的弊病。又因明代注重官學教育，前半期的百餘年間，民間書院事業幾乎空白，直至中期以後，隨著經濟的發展、社會的變動與知識分子的自覺才逐漸發生變化，尤其先後受到陳白沙、王陽明學思的影響，衝擊原有的倫理綱常，官方思想也漸漸面臨挑戰，民間紛紛打破藩籬，建立起私人書院，私學私講的現象相當普及，雖然先後四次遭到中央拆毀的命運，但王學所點燃的覺醒普遍取代了朱學的信仰者，各種活潑的創新特質也在中後期逐漸展露出來，反映出在王朝價值系統下，知識份子最終仍是要擺脫桎梏、走出框限，尋找新的出路與文化生命。

〔註4〕《明會要》卷四七。
〔註5〕清·何喬遠，《名山藏》，〈儒林記〉上。

附錄：明代中央政府刊刻之現存書目

凡　例

一、本書目著錄各圖書館收藏之有關明代中央政府刻印的圖書，主要依據之目錄如
　　下：

　　臺灣　《臺灣公藏善本書目書名索引》（1971）、《國立中央圖書館典藏國立北平
　　　　　圖書館善本書目》（1969）。

　　日本　《內閣文庫漢籍分類目錄》（1970）、《神宮文庫漢籍分類目錄》（1973）、
　　　　　《岩崎文庫和漢書目錄》（1943）、《東京大學東洋文化研究所漢籍分類目
　　　　　錄》（1973）

　　韓國　《奎章閣圖書中國本目錄》（1972）

　　香港　《香港大學馮平山圖書館藏善本書錄》（1970）

　　美國　《美國國會圖書館藏中國善本書目》（1972）、《普林斯頓大學葛思德東方
　　　　　圖書館中文善本書志》（1975）

一、為易於檢尋，本書目採我國傳統之四部分類法，按經史子集部次。其下再分若
　　干子目，俾條理分明。

一、凡國外典藏漢籍書目記載不詳，難以辨認是否為明中央政府所刻之書，則不予
　　收錄，以免造成錯誤。

一、各書著錄方式依次為：書名、卷數、撰者（包括注者、疏者、譯者……等）、版
　　本、行款、典藏處所。

一、凡相同之書，有不同版本者，則依版刻年代先後著錄之，版刻年代不詳者，則
　　置於已知版刻年代各書之後。

一、凡宋元刊版入藏明南國子監再予修補出版之書，亦行著錄，並誌修補年代於備
　　註欄內。

一、凡引用之原書目，有記載書籍版刻行款，亦加以標明，俾供參考。

一、各書典藏處所皆採縮寫方式，其代用文字如下：

央圖　國立中央圖書館，自 1996 年更名為「國家圖書館」，為易於辨識仍採「央
　　　圖」之簡稱。

故宮　國立故宮博物院圖書館

傅圖　中研院歷史語言研究所傅斯年圖書館

北平　國立北平圖書館典藏，寄存於臺北故宮博物院圖書館。

臺大　臺灣大學圖書館

臺師大　臺灣師範大學圖書館

東海　東海大學圖書館

國研　國防研究院圖書館

內閣　日本內閣文庫

神宮　日本神宮文庫

岩崎　日本岩崎文庫

東洋　日本東京大學東洋文化研究所

奎章　韓國奎章閣

港大　香港大學馮平山圖書館

國會　美國國會圖書館

葛斯德　普林斯頓大學葛斯德東方圖書館

經　部

易　類

書　名	卷　數	撰　者	版　本	行　格	現在典藏處所
周易傳義	10	魏王弼，晉韓康伯注，唐孔穎達疏	明萬曆十四年國子監刊本		臺師大
周易	10	宋程頤傳，朱熹本義	明正統十二年司禮監刊本		央圖
周易	10	宋程頤傳，朱熹本義	明成化間，司禮監刊本		內閣
周易傳義大全	24	明胡廣等奉敕撰	明初內府刊本	10×22	葛斯德（五經大全之一）、央圖（三部）、東洋（存卷 1～12）

書　類

書　名	卷　數	撰　者	版　本	行　格	現在典藏處所
尚書	2		明內府刊本		央圖
尚書注疏*1	20	漢孔安國傳，唐孔穎達疏，明李長春等奉敕重刊	明萬曆十五年國子監刊本	9×21	東洋（缺卷 17～20）、奎章
書經	6	宋蔡沈集傳	明刊黑口八行本		央圖
書集傳	6	宋蔡沈集傳	明正統十二年司禮監刊本		央圖、故宮、內閣
書傳大全	10	明胡廣等奉敕撰	明初內府刊本	10×22	央圖（三部）、故宮、葛斯德（存九卷）、國會
書經直解	13	明張居正等撰	明萬曆間內府刊本		央圖、故宮（二部）

詩　類

書　名	卷　數	撰　者	版　本	行　格	現在典藏處所
毛詩注疏	20	漢毛亨傳，鄭玄箋唐孔穎達疏。	明北國子監刊本		央圖
毛詩注疏	20	漢毛亨傳，鄭玄箋唐孔穎達疏，明黃鳳翔等奉敕重校刊	明萬曆十七年國子監校刊本	9×21	奎章
詩集傳	20	宋朱熹撰	明正統十年司禮監刊本		央圖、故宮（二部）國會、內閣
詩集傳大全	20	明胡廣等奉敕撰	明內府刊黑口本	10×22	央圖（二部）、故宮、國會、東洋

禮　類

書　名	卷　數	撰　者	版　本	行　格	現在典藏處所
周禮注疏*2 以上周禮之屬	42	漢鄭玄注，唐陸德明音義，賈公彥疏，明曾朝節奉敕校刊	明萬曆廿一年北京國子監刊本	9×21	東洋、奎章

*1 十三經注疏之一。

*2 十三經注疏之一。

書　名	卷　數	撰　者	版　本	行　格	現在典藏處所
儀禮註疏	15	漢鄭玄注，唐陸德明音義，賈公彥疏，明曾朝節奉敕校刊	明萬曆廿一年北京國子監刊本	9×21	奎章
儀禮經傳通解 以上儀禮之屬	正37卷 續29卷	宋朱熹撰，黃幹續，楊復重訂	宋嘉定十年至紹定四年南康刊明初南國子監修補本（三朝本）		央圖
禮記註疏	存卷3至卷16	漢鄭玄注，唐孔穎達疏	明萬曆十六年刊	9×21	奎章
禮記集說	16	元陳澔撰	明正統十年司禮監刊本		央圖、故宮（三部）、史語所
禮記集說大全 以上禮記之屬	30	明胡廣等奉敕撰	明內府刊本	10×22	央國、故宮、臺大（殘）、葛

春　秋

書　名	卷　數	撰　者	版　本	行　格	現在典藏處所
春秋左傳疏	60	晉杜預註，唐孔穎達疏，陸德明釋文，明盛納等奉敕校刊	明萬曆十四年國子監刊本	9×21	奎章、東洋（不全）
春秋公羊註疏	28	漢何休註，明曾朝節等奉敕校刊	明萬曆十四年國子監刊本		奎章
監本附音 春秋公羊註疏	28	漢何休註，唐陸德明音義	元刊明修本		東洋
春秋穀梁註疏	20	晉范寧集解，唐楊士勛疏，明曾朝節等奉敕重校刊	明萬曆廿一年國子監刊本	9×21	奎章
春秋傳	30	宋胡安國撰	明正統十二年司禮監刊本		央圖故宮（缺7、8卷）
春秋集傳大全 *3	37	明胡廣等奉敕撰	明內府刊黑口本		央圖

五經總義類

書　名	卷　數	撰　者	版　本	行　格	現在典藏處所
六經圖	6	宋楊甲撰	明萬曆四十三年南京吏部刊本		央圖

*3 五經大全之一。

四書類

書　　名	卷　數	撰　　者	版　　本	行　格	現在典藏處所
論語註疏解經	20	魏何晏集解，宋邢昺疏，明李長春等奉敕重校刊	明萬曆十四年國子監刊本	9×21	奎章
孟子註疏解註	存卷3至卷14	漢趙岐註，宋孫奭疏，明劉元震等奉敕重校刊	明萬曆十八年國子監刊本	9×21	奎章
論語集註	10	宋朱熹撰	明正統間內府刊本		故宮
孟子集註	14	宋朱熹撰	明正統間內府刊本		故宮
大學章句	1	宋朱熹撰	明正統間內府刊本		故宮
中庸章句	1	宋朱熹撰	明正統間內府刊本		故宮
四書集註	28	宋朱熹撰	明正統十二年司禮監刊本	8×14	央圖、葛斯德
論語集註大全	20	明胡廣等奉敕撰	明內府刊本		央圖、臺大（存10卷）
孟子集註大全	14	明胡廣等奉敕撰	明內府刊本		央圖
四書集註大全	38	明胡廣等奉敕撰	明內府刊本		央圖、臺大
四書直解	26	明張居正撰	明內府刊本		故宮

樂　類

書　　名	卷數	撰　　者	版　　本	行　格	現在典藏處所
詩樂圖譜	18	明呂柟等撰	明嘉靖十五年國子監生周大有等集貲刊本		北平
詩樂圖譜	11卷另圖一卷	明衛良相等撰	明嘉靖十五年國子監刊本		內閣
六代小舞譜	1	明鄭載堉撰	明內府樂律全書零本	12×25	國會
律學新說	4	明鄭載堉撰	明內府樂律全書零本	12×25	國會
律呂精義	內篇10卷外篇10卷	明鄭載堉撰	明內府樂律全書零本	12×25	國會
樂律全書	38卷附曆書10卷	明鄭載堉撰	明萬曆間內府刊本	12×25	國會，葛斯德（存6卷）

小學類

書　　名	卷　　數	撰　　者	版　　本	行　格	現在典藏處所
爾雅註說	11	晉鄭璞注，宋邢昺疏	元刊明南監修補九行本		北平、央圖（二部）
埤雅	20	宋陸佃撰	明內府刊本		故宮
重刊埤雅 以上訓詁之屬	20	宋陸佃撰	明成化九年刊		岩崎
急就篇注*4	4	漢史游撰，唐顏師古註，王應麟補註	明南監刻本	10×20	國會
重刊許氏說文解字五音韻譜	12	宋李燾撰	明經廠本		內閣
許氏說文解字五音韻譜	12	宋李燾撰	明嘉靖十一年明經廠本		內閣
大廣益會玉篇廣韻指南一卷	30	梁顧野王撰，唐孫強增補，宋陳彭年等奉敕重修	明司禮監刊本		央圖（二部）故宮、國會
千字文	1	梁周興嗣撰，不著注入	明內府刊本		故宮
華夷譯語 以上字書之屬	不分卷	明火源潔撰	明內府刊本		故宮
廣韻	5	不著撰人	明司禮監刊本		央圖（四部），故宮、國會
廣韻	5	宋陳彭年等奉敕撰	明永樂廿二年刊	9×20	岩崎
洪武正韻	16	宋樂韶鳳等奉敕撰	明初官刊黑口本		傅圖
洪武正韻	16	宋樂韶鳳等奉敕撰	明內府刻本		故宮
洪武正韻	16	宋樂韶鳳等奉敕撰	明洪武年刊	8×20	奎章
洪武正韻	16	宋樂韶鳳等奉敕撰	明萬曆三年司禮監刊本		內閣
正韻玉鍵	2	不著撰人	明內府刊本		故宮
新校經史海篇直音 以上韻書之屬	5	不著撰人	明萬曆三年司禮監刊本		央圖（缺卷5）

---

*4 遞經明正德元年、嘉靖十二年及萬曆十一年、十五年修補。

彙編類

書　　名	卷　數	撰　　者	版　　本	行格	現在典藏處所
五經	89		明正統十二年司禮監刊本		央圖、葛斯德
四書五經大全	存 120 卷	明胡廣等奉敕撰	明永樂間內府刊本		國會（缺春秋集註大全）
十三經注疏	334	明李長春等奉敕校	明萬曆間北監刊本		央圖、國會（缺孝經注疏）

史　部

正史類

書　　名	卷　數	撰　　者	版　　本	行　格	現在典藏處所
史記	130	漢司馬遷撰，宋裴駰集解，唐司馬貞索隱，張守節正義	明嘉靖八、九年南監刊本		央圖（二部）、內閣（卷 81-86 補寫）
史記	130	漢司馬遷撰，宋裴駰集解，唐司馬貞索隱，張守節正義	明萬曆三年南監刊本		央圖、內閣（二部）
史記	130	漢司馬遷撰，宋裴駰集解，唐司馬貞索隱，張守節正義	明萬曆廿四年南監刊本	10×20	央圖（二部）、臺師大、故宮、內閣（三部）、葛斯德
史記*5	130	漢司馬遷撰，宋裴駰集解，唐司馬貞索隱，張守節正義	明萬曆廿六年北監刊本		內閣
前漢書	120	漢班固撰，唐顏師古注	宋紹興間國子監刊本		北平（一部存 17 卷；一部存 9 卷），央圖（存 1 卷）
前漢書	120	漢班固撰，唐顏師古注	元大德九年太平路儒學刊本，明正德間修補本		內閣
前漢書	120	漢班固撰，唐顏師古注	明嘉靖八、九年南監刊本，萬曆十年修補本		央圖（四部）、傅圖

---

*5 遞經崇禎七年及清順治十一年修補。

前漢書	120	漢班固撰，唐顏師古注	明嘉靖八、九年南監刊本，萬曆廿六年修補本		內閣（二部）
前漢書	120	漢班固撰，唐顏師古注，明劉應秋等校	明萬曆廿五年北監刊本		央圖、內閣
後漢書	不全	宋范曄撰	宋紹興國子監刊，元明遞修本		北平（存62卷；又元代遞修本存23卷；又明初遞修本存55卷）
後漢書	存42卷	宋范曄撰	元大德間寧國路儒學刊本		北平
後漢書*6	130	宋范曄撰，唐李賢註	明嘉靖八、九年南監刊本		央圖（二部）、故宮、傅圖、內閣
後漢書	130	宋范曄撰，唐李賢註	明嘉靖八、九年南監刊本，萬曆廿六年修補本		內閣（一部；又一部爲天啓三年修補）
後漢書	130	宋范曄撰，唐李賢註	明萬曆廿四年南監刊本	10×24	內閣
後漢書*7	130	宋范曄撰，唐李賢注	明萬曆廿四年北監刊本		葛斯德、內閣
三國志	65	晉陳壽撰，宋裴松之註	宋紹興間衢州州學刊明嘉靖萬曆間南監修補本		央圖（一部；又一部存20卷）
三國志	65	晉陳壽撰，宋裴松之註	元大德丙午（十年）池州路刊明嘉靖萬曆間南監修補本配補明修宋衢州州學刊本		央圖
三國志	65	晉陳壽撰，宋裴松之註，祭酒馮夢禎，司業黃汝良校正	明萬曆廿四年南監刊本		內閣（二部）、央圖（二部）、故宮、北平、國會
三國志	65	晉陳壽撰，宋裴松之註	明萬曆廿八年北監刊本		內閣（二部）、央圖（一部；一部僅存魏志）
晉書	130	唐房玄齡等撰	元覆南宋中期刊元明遞修十行本	10×20	葛斯德、北平（三部皆不全）
晉書	130	唐房玄齡等撰	元官刊明正德十年司禮監至嘉靖間南監遞修本		央圖（三部；一部存34卷）、內閣（五部）

---

*6 內閣文庫記120卷。
*7 內閣文庫記120卷。

晉書	130	唐房玄齡等撰	元官刊明正德十年司禮監嘉靖萬曆南監遞修本		央圖（一部：一部存 55 卷）、內閣（二部）
晉書*9	130	唐房玄齡等撰	元大德間集慶路儒學刊本明南監修本		央圖（二部）、北平（一部：一部存 52 卷）、國會
晉書	130	唐房玄齡等撰	明萬曆廿四年北監刊本		內閣（二部全：一部殘）
宋書	100	梁沈約撰	宋紹興刊明嘉靖修本（三朝本）		內閣、央圖（三部）
宋書	100	梁沈約撰	明萬曆廿二年刊		內閣、央圖（二部）
南齊書	59	梁蕭子顯撰	宋刊明嘉靖十年修本（三朝本）		內閣、央圖（三部）
南齊書	59	梁蕭子顯撰	明萬曆十七年南監刊本		央圖（二部）故宮、內閣
南齊書	59	梁蕭子顯撰	明萬曆廿三年南監刊本		內閣
梁書	56	唐姚思廉奉敕撰	宋刊明嘉靖十年修本		內閣、央圖
梁書	56	唐姚思廉奉敕撰	明萬曆三年南監刊本	10×21	內閣、葛斯德、央圖
梁書	56	唐姚思廉奉敕撰	明萬曆卅三年北監刊本		內閣
陳書	36	唐姚思廉奉敕撰	宋刊明嘉靖九年修（三朝本）		內閣、央圖
陳書	36	唐姚思廉奉敕撰	明萬曆十六年南監刊本		央圖、東洋
陳書	36	唐姚思廉奉敕撰	明萬曆卅三年北監刊本		內閣
魏書	114	北齊魏收撰	宋刊，明初南監修板、禮部印本（三朝本）		央圖、國會、內閣
魏書	114	北齊魏收撰	明萬曆廿四年南監刊本	10×21	內閣、東洋、葛斯德
魏書	114	北齊魏收撰	明萬曆廿四年北監刊本		內閣
北齊書	50	唐李百藥等奉敕撰	宋刊明嘉靖十年修（三朝本）		內閣、央圖

*9 遞經明正德十年、嘉靖九、十、卅七年及萬曆二、三、四、五、七、十年修補。

北齊書	50	唐李百藥等奉敕撰	明萬曆十六、十七年南監刊本	內閣、央圖
北齊書	50	唐李百藥等奉敕撰	明萬曆廿四年北監刊本	內閣
北齊書	50	唐李百藥等奉敕撰	明萬曆卅四年北監刊本	東洋
周書	50	唐令狐德棻等奉敕撰	宋刊明嘉靖修（三朝本）	內閣、央圖
周書	50	唐令狐德棻等奉敕撰	明萬曆十六年南監刊本	東洋、內閣
周書	50	唐令狐德棻等奉敕撰	明萬曆卅三年北監刊本	內閣
隋書*9	85	唐魏徵等奉敕撰	元大德九路刊明修刊印本	國會、央圖
隋書	85	唐魏徵等奉敕撰	明萬曆廿三年南監刊本	內閣、央圖、故宮
隋書	85	唐魏徵等奉敕撰	明萬曆廿六年北監刊本	內閣
南史	80	唐李延壽撰	元大德十年信州路儒學刊，明南監修補本	央圖
南史	80	唐李延壽撰	明萬曆十七～十九年南監刊本	國研、內閣、東洋
南史	80	唐李延壽撰	明萬曆卅一年北監刊本	10×21 葛斯德
北史	100	唐李延壽撰	元大德十年信川路儒學刊，明初南監修補本	央圖
北史	100	唐李延壽撰	明萬曆間南監刊本	內閣、東洋
北史	100	唐李延壽撰	明萬曆廿六年北監刊本	內閣
唐書　附唐書釋音廿五卷	225	宋歐陽修撰，宋董衝釋音	元大德間建康路儒學刊明南監修補本	央圖
唐書　附唐書釋音廿五卷	225	宋歐陽修撰，宋董衝釋音	明萬曆廿三年北監刊本	內閣
唐書釋音	225	宋董衝撰	明北監刊本	央圖

*9 遞經明正德十年、嘉靖八、九、十年修補。

書名	卷數	撰者	版本	行款	收藏
五代史記	74	宋歐陽修撰，徐無黨註	元大德間集慶路儒學刊，明南監修補本		央圖
五代史記	74	宋歐陽修撰，徐無黨註	明萬曆四年南監刊本		內閣
五代史記	74	宋歐陽修撰，徐無黨註	明萬曆廿八年北監刊本		內閣
宋史	496	元脫脫等撰	明成化十六年兩廣巡撫朱英刊，明嘉靖萬曆間南監修補		央圖
宋史	496	元脫脫等撰	明國子監刊		東洋（存 48～84）、央圖
宋史	496	元脫脫等撰	明萬曆廿七年北監刊本	10×21	內閣、奎章（存 18 冊）、葛斯德
遼史	116	元脫脫等撰	明嘉靖八年南監刊本	10×21	央圖、葛斯德、內閣
遼史	116	元脫脫等撰	明萬曆卅四年北監刊本		央圖、內閣、東洋
金史	135	元脫脫等撰	明嘉靖八年南監刊本		央圖、葛斯德、香港、東洋、內閣、神宮（缺卷 20～卷 27）
金史*10	135	元脫脫等撰	明嘉靖八年南監刊本		央圖
金史	135	元脫脫等撰	明萬曆卅四年北監刊本	10×21	內閣、國會
元史	210	明宋濂、王禕等奉敕撰	明洪武三年刊，嘉靖十年南監修補本		央圖（三部）、傅圖、神宮
元史	210	明宋濂、王禕等奉敕撰	明南監刊本，嘉靖修本		內閣
元史	210	明宋濂、王禕等奉敕撰	明萬曆卅年北監刊本		內閣
廿一史*11			明嘉靖間南監刊本		內閣
廿一史*12			明萬曆間北監刊本		內閣

---

*10 清順治十五年修補清康熙間修補。

*11 清乾隆五十五年修補。

*12 清康熙五十五年修補。

編年類

書　名	卷　數	撰　者	版　本	行　格	現在典藏處所
漢記	30	漢荀悅撰	明萬曆十六年南監刊本	10×20	葛斯德、內閣
後漢記	30	晉袁宏撰	明萬曆廿六年南監刊本	10×20	葛斯德
少微通鑑節要附外紀四卷	50	宋江贄撰	明正德九年經廠刊黑口本	9×15	央圖、國會、奎章（存36卷）
少微通鑑節要		宋江贄撰	明正德九年司禮監刊		內閣
資治通鑑 附通鑑釋文辨誤12卷	294	宋司馬光撰，元胡三省註	元興文署刊，明弘治至嘉靖間修補		央圖
資治通鑑綱目	59	宋朱熹撰	明成化九年內府刊本	8×18	葛斯德
資治通鑑綱目	59	宋朱熹撰	明成化十二年內府刊本		內閣
資治通鑑綱目	59	宋朱熹撰	明正德間經廠刊本		內閣
資治通鑑綱目發明	59	宋尹起莘撰	明成化間經廠刊本	8×18	央圖、臺大、內閣、葛斯德、國會
通鑑總類	20	宋沈樞撰	明萬曆廿三年太監孫隆吳中刊本		央圖
通鑑總類	20	宋沈樞撰	明萬曆卅九年太監劉成刊本		臺大
資治通鑑綱目集覽	59	元正幼學撰，明陳濟補正	明成化間內府刊本	8×18	葛斯德
資治通鑑綱目集覽	59	元正幼學撰，明陳濟補正	明司禮監刊本	8×18	國會
資治通鑑綱目集覽	59	元正幼學撰，明陳濟補正	明經廠刊本黑口本		央圖
續資治通鑑綱目	27	明商輅奉敕撰	明成化十二年經廠刊本		央圖（二部）、臺大、內閣
資治通鑑節要續編	30	明劉剡撰	明正德九年司禮監刊本	9×15	葛斯德、央圖（二部）
資治通鑑節要續編	30	不著撰人	明司禮監刊本	9×15	國會

資治通鑑節要續編*13	30	明劉剡撰	明官刊本		奎章
歷代通鑑纂要	92	明李重陽等奉敕撰	明正德二年內府刊本	10×20	央圖、葛斯德
歷代通鑑纂要	92	明李重陽等奉敕撰	明官刊本	10×20	奎章

別史類

書　名	卷　數	撰　者	版　本	行　格	現在典藏處所
古史	60	宋蘇轍撰	明萬曆卅九年南監刊本		央圖、臺大

雜史類

書　名	卷　數	撰　者	版　本	行　格	現在典藏處所
貞觀政要	10	唐吳兢撰	明成化間經廠刊本		內閣、央圖

詔令奏議類

書　名	卷　數	撰　者	版　本	行　格	現在典藏處所
歷代名臣奏議	350	明楊遠奇等奉敕撰	明永樂間內府刊本		央圖（六部）、傅圖、臺大、國研、北平

傳記類

書　名	卷　數	撰　者	版　本	行　格	現在典藏處所
相鑑	20	明太祖敕撰	明洪武十三年內府刊本		北平（存16卷）
臣戒錄		明太祖敕撰	明洪武年間內府刊本		北平（存卷5～9）
古今列女傳	3	明解縉等奉敕撰	明永樂元年內府刊本		央圖（二部）北平（三部）
古今列女傳	3	明解縉等奉敕撰	明內府刊本		國會
歷代臣鑒	37	明宣宗敕撰	明宣德元年內府刊本	10×20	央圖（二部）、北平（一部全，一部缺卷30~33）、葛斯德（三部）

---

*13 鈐有文淵閣「廣運之寶」印。

歷代君鑑	50	明景帝敕撰	明景泰四年內府刊本	10×20	葛斯德（三部）、央圖、奎章
歷代君鑑	50	明景帝敕撰	明經廠本		內閣
皇明帝后紀略	1	明鄭汝璧撰	明內府刊本		故宮
高皇后傳	不分卷	明不著撰人	明永樂四年內府刊本		央圖

史鈔類

書　名	卷數	撰　者	版　本	行格	現在典藏處所
東萊先生五代史詳節	10	宋歐陽修撰，呂祖謙節錄	明嘉靖間刊本（十七史詳節本）		央圖

地理類

書　名	卷　數	撰　者	版　本	行　格	現在典藏處所
金陵新志	15	元張鉉撰	元至正四年集慶路儒學刊明修補本		央圖
大明清類天文分野之書	24	明劉基等撰	明初內府刊本		央圖
寰宇通志	119	明陳循等撰	明景泰間內府刊本		北平（存81卷）
大明一統志	90	明李賢等奉敕撰	明天順五年內府刊本	10×22	央圖（七部）、北平、葛
大明一統志	90	明李賢等奉敕撰	明天順刊經廠黑口本	10×22	神宮
大明一統志	90	明李賢等奉敕撰	明內府刊本	10×22	國會
九邊圖說	1	明霍冀等撰	明隆慶兵部刻本	11×22	國會
普陀山志	6	明周應賓撰	明萬曆卅五年太監張隨刊本	8×16	北平、傅圖（二部，一部殘）、國會

職官類

書　名	卷　數	撰　者	版　本	行　格	現在典藏處所
諸司職掌	10	明太祖敕撰	明洪武廿六年內府刊本		北平（存吏、戶、禮三部）
續南雍志	18	明黃儒炳撰	明天啓六年南監刊本		北平

政書類

書　　名	卷　數	撰　者	版　本	行　格	現在典藏處所
文獻通考	348	元馬端臨撰	明嘉靖三年司禮監刊本	10×20	央圖（五部）、故宮（不全）、內閣、國會
大明會典	180	明李東陽等奉敕撰	明正德四年內府刊本		央圖、東洋（缺卷50，卷76～卷113）
大明會典	178	明李東陽等奉敕撰	明正德六年司禮監刊本		國會
大明會典	228	明李東陽等奉敕撰　申時行等奉敕重修	明萬曆十五年司禮監刊本	10×20	央圖（三部）、臺大、葛斯德、國會、東洋、內閣
大明會典	不分卷	纂修未詳	明內府刊本		故宮
大禮纂要 附錄一卷	2		明嘉靖四年內府刊本		央圖
明倫大典	24	明楊一清等奉敕撰	明嘉靖七年司禮監刊本	8×18	央圖、故宮、國會
大明集禮	53	明徐一夔等奉敕撰	明嘉靖九年內府刊本	9×18	央圖、傅圖、北平、葛斯德、國會
三朝要典	24	明顧秉謙等奉敕撰	明天啟六年內府刊本		北平（二部）、史語所、內閣
皇朝馬政記	12	明楊時喬撰	明萬曆廿四年南京太堂寺刊本		央圖、北平（存卷4～卷7）
御製大誥	1	明太祖敕撰	明初刊本		央國
後製大誥續編	2	明太祖敕撰	明初刊本		北平
御製大誥續編、三編	3	明太祖敕撰	明初刊本		傅圖
御製大誥續編、三編	3	明太祖敕撰	明內府刊本		故宮
御製大誥續編	1	明太祖敕撰	明洪武十九年內府刊本		北平
皇明禮訓	1	明太祖敕撰			北平
皇明祖訓	1	明太祖敕撰	明內府刊本		故宮（四部）
賜諸番詔敕	1	明太祖敕撰	明洪武間內府刊本		北平
大明律 附錄一卷	30	明太祖敕撰	明隆慶二年重刊本		北平

大明律疏義	30	明太祖敕修	明成化間南京承恩寺對在史氏重刊本		中圖（存 28 卷）
大明律附例	30	明舒化等校	明萬曆間內府刊本	9×20	國會
三朝聖諭錄	3	明楊士奇輯	明嘉靖間重刊本		傅圖

史評類

書　名	卷　數	撰　者	版　本	行　格	現在典藏處所
通鑑博論	3	明朱權撰	明初內府刊本		央圖
通鑑博論	3	明朱權撰	明萬曆十四年司禮監刊本	8×20	央圖、國會

子　部

儒家類

書　名	卷　數	撰　者	版　本	行　格	現在典藏處所
五臣音注揚子法言	10	漢揚雄撰，晉李軌，唐柳宗元註，宋宋咸、吳秘、司馬光重添注法言十三卷	明國子監本		國會
大學衍義	43	宋眞德秀撰	明嘉靖六年司禮監本		央圖（四部）、故宮
西山眞文忠公讀書記*14	存 17 卷	宋眞德秀撰	宋開慶元年刊元明修補本（三朝本）	9×16 9×17	葛斯德、央圖
孝順事實	10	明成祖敕撰	明永樂十八年內府刊本	18×19	葛斯德、央圖（二部）、北平
小四書	5	明朱升編註	明嘉靖元年司禮監重刊本		央圖
聖學心法	4	明成祖敕撰	明永樂七年內府刊本	10×22	北平、央圖、葛斯德
性理大全	70	明胡廣等奉敕撰	明司禮監刊本	10×22	國會、央圖
五倫書	62	明宣宗撰	明正統十二年經廠刊本	9×18	央圖、北平（存卷 33）、葛斯德

---

*14 遞經元大德五、十年、延祐五年修補及明嘉靖元年南監修補。

五倫書	62	明宣宗撰	明官刊大黑口本	9×18	奎章（不全）
大學衍義補	160	明丘濬奉敕撰	明正德六年刊本		東洋（卷39、40補抄）
大學衍義補	160	明丘濬奉敕撰	明萬曆卅三年內府刊本		央圖

醫家類

書　名	卷　數	撰　者	版　本	行　格	現在典藏處所
衛生寶鑑	24	元羅天益撰	明永樂十五年太醫院判韓夷刊本		央圖
重修政和經史類證備用本草	30	唐唐慎微撰，明曹孝忠等奉敕校刊	明萬曆十五年內府刊本	12×23	國會、岩崎、葛斯德
袖珍方	4	明朱橚撰	明正德四年御用監廖氏中州刊本		北平
醫方選要	10	明周文采編	明嘉靖廿三年禮部刊本	10×21	葛斯德、央圖
醫方選要	10	明周文采編	明嘉靖廿四年禮部序刊本		內閣
衛生易簡方	12	明胡濴撰	明嘉靖四十一年太醫院刊本		北平
補要袖珍小兒方論十卷　附小兒痘疹方論別集	12	明徐用宣撰 明魏直撰	明萬曆二年南京禮部刊本		央圖

曆算類

書　名	卷　數	撰　者	版　本	行　格	現在典藏處所
明大統曆 殘本	1	明欽天監編	明欽天監刊本		央圖
大明永樂十五年大統曆	不分卷	明欽天監編	明欽天監刊本		央圖
大明正德元年大統曆	1	明欽天監編	明欽天監刊本		央圖
大明正德六年歲次辛未大統曆	1	明欽天監編	明欽天監刊本		央圖、國會
大明正德七年大統曆	1	明欽天監編	明欽天監刊本		央圖

大明正德十四年歲次己卯大統曆	1	明欽天監編	明欽天監刊本		央圖
大明景泰三年歲次壬申大統曆	1	明欽天監編	明欽天監刊本		央圖
大明成化十五年歲次己亥大統曆	1	明欽天監編	明欽天監刊本		央圖
大明成化十八年歲次壬寅大統曆	1	明欽天監編	明欽天監刊本		央圖
大明成化十九年歲次癸卯大統曆	1	明欽天監編	明欽天監刊本		央圖
大明成化廿年歲次甲辰大統曆	1	明欽天監編	明欽天監刊本		央圖
大明嘉靖三年大統曆	1	明欽天監編	明欽天監刊本		國會
大明嘉靖十三年歲次甲午大統曆	1	明欽天監編	明欽天監刊本		央圖
大明嘉靖十五年歲次丙申大統曆	1	明欽天監編	明欽天監刊本		央圖
大明嘉靖十八年歲次己亥大統曆	1	明欽天監編	明欽天監刊本		央圖
大明嘉靖十九年歲次庚子大統曆	1	明欽天監編	明欽天監刊本		央圖
大明嘉靖廿年歲次辛丑大統曆	1	明欽天監編	明欽天監刊本		央圖
大明嘉靖廿二年歲次癸卯大統曆	1	明欽天監編	明欽天監刊本		央圖、國會
大明嘉靖廿六年歲次丁未大統曆	1	明欽天監編	明欽天監刊本		央圖

大明嘉靖廿七年歲次戊申大統曆	1	明欽天監編	明欽天監刊本	央圖
大明嘉靖廿九年歲次庚戌大統曆	1	明欽天監編	明欽天監刊本	央圖
大明嘉靖卅一年歲次壬子大統曆	1	明欽天監編	明欽天監刊本	央圖（二部）
大明嘉靖卅三年歲次甲寅大統曆	1	明欽天監編	明欽天監刊本	央圖
大明萬曆三年歲次乙亥大統曆	1	明欽天監編	明欽天監刊本	央圖
大明萬曆六年歲次戊寅大統曆	1	明欽天監編	明欽天監刊本	央圖
大明萬曆九年歲次辛酉大統曆	1	明欽天監編	明欽天監刊本	央圖
大明萬曆十一年歲次癸未大統曆	1	明欽天監編	明欽天監刊本	央圖
大明萬曆十三年歲次乙酉大統曆	1	明欽天監編	明欽天監刊本	央圖
大明萬曆十四年歲次丙戌大統曆	1	明欽天監編	明欽天監刊本	央圖
大明萬曆十六年歲次戊子大統曆	1	明欽天監編	明欽天監刊本	央圖
大明萬曆十九年歲次辛卯大統曆	1	明欽天監編	明欽天監刊本	央圖、北平
大明萬曆廿年歲次壬辰大統曆	1	明欽天監編	明欽天監刊本	央圖

大明萬曆卅二年歲次甲辰大統曆	1	明欽天監編	明欽天監刊本		央圖
大明萬曆卅三年歲次乙巳大統曆	1	明欽天監編	明欽天監刊本		央圖
大明萬曆卅四年歲次丙午大統曆	1	明欽天監編	明欽天監刊本		央圖
大明萬曆卅六年歲次戊申大統曆	1	明欽天監編	明欽天監刊本		央圖
大明萬曆四十年歲次壬子大統曆	1	明欽天監編	明欽天監刊本		中圖
大明萬曆四十二年歲次甲寅大統曆	1	明欽天監編	明欽天監刊本		央圖
大明萬曆四十五年歲次丁巳大統曆	1	明欽天監編	明欽天監刊本		央圖、國會
大明崇禎二年歲次己巳大統曆	1	明欽天監編	明欽天監刊本		央圖
大明崇禎五年歲次壬申大統曆	1	明欽天監編	明欽天監刊本		央圖
大明崇禎七年歲次甲戌大統曆	1	明欽天監編	明欽天監刊本		央圖
大明崇禎十二年歲次乙卯大統曆	1	明欽天監編	明欽天監刊本		央圖
大明崇禎十六年歲次癸未大統曆	1	明欽天監編	明欽天監刊本		央圖
大明天啓五年歲次乙丑大統曆	1	明欽天監編	明欽天監刊本		央圖

雜家類

書　　名	卷　數	撰　　者	版　　本	行　格	現在典藏處所
居家必用事類全集	10	元不著撰人	明司禮監刊本		央圖（三部）、北平、內閣
存心錄		明劉三吾奉敕撰	明洪武間刊本		央圖（存卷 10，卷 11）
明仁孝皇后勸善書	20	明仁孝皇后撰	明永樂三年內府刊小字本		央圖（四部）、北平
明仁孝皇后勸善書	20	明仁孝皇后撰	明永樂五年內府刊本		央圖（五部）、北平（存二卷）
明仁孝皇后內訓	1	明仁孝皇后撰	明永樂五年內府刊本		北平
明仁孝皇后內訓	1	明仁孝皇后撰	明永樂間刊本		傅圖
爲善陰隲	10	明成祖敕撰	明永樂十七年內府刊本		北平、央圖

雜書類

書　　名	卷　　數	撰　　者	版　　本	行格	現在典藏處所
事文類聚	前集 60 卷，後集 50 卷，續集 28 卷，別集 33 卷，新集 36 卷，外集 15 卷	宋祝穆撰，元富大用增補新集、外集	明嘉靖四十年內府刊本		故宮
新編事文類聚	前集 60 卷，後集 50 卷，續集 28 卷，別集 33 卷，新集 36 卷，外集 15 卷	宋祝穆撰，元富大用增補新集、外集	明司禮監刊本	10×18	國會
新編事文類聚	前集 60 卷，後集 50 卷，續集 28 卷，別集 33 卷，新集 36 卷，外集 15 卷	宋祝穆撰，元富大用增補新集、外集	明經廠刊黑口十行本		國研、內閣
玉海　附辭學指南四卷，別附 13 種 61 卷*15	200	宋王應麟撰	元至元三年慶元路儒學刊，明修補本	10×20	葛斯德、央圖

---

*15 遞經明正德元年、二年及嘉靖廿九年、卅四年修補。

聯新事備詩學大成	30	元林楨編	明司禮監刊本	8行20餘字	葛斯德、國會
聯新事備詩學大成	30	元林楨編	明黑口經廠本		故宮
聯新事備詩學大成	30	元林楨編	明內府刊本		央圖（三部）、故宮
對類　附習對發蒙格式一卷	20	元林楨編	明正統十二年司禮監刊本	12×21	葛斯德
對類　附習對發蒙格式一卷	20	元林楨編	明嘉靖廿九年序刊本		東洋
對類　附習對發蒙格式一卷	20	明不著撰人	明經廠刊本		央圖（存卷1～卷15）、內閣

釋家類

書　名	卷　數	撰　者	版　本	行格	現在典藏處所
文殊師利所說摩訶般若波羅蜜經	1	梁釋曼陀羅仙譯	明初刊南藏本		央圖
文殊師利所說摩訶般若波羅蜜經	1	梁釋曼陀羅仙譯	明初刊宣德間印南藏本		央圖
佛說睒子經	1	姚秦釋聖堅譯	明萬曆廿五年太監張本刊本		央圖
阿毗曇毗婆娑論	存一卷	北涼釋浮陀跋摩道奉譯	明初刊南藏本	6×17	葛斯德（存卷52）
佛說准提菩薩佛母大明陀羅尼經	1	唐釋金剛智譯	明萬曆廿一年內府印造梵夾本	5×17	葛斯德
佛說大乘菩薩藏正法經	40	宋釋法護等釋	明初南藏刊本		央圖（存8卷）
太上感應篇	8	宋李昌齡傳，鄭清之贊	明萬曆廿三年內府刊本		央圖
佛說金輪佛頂大威德熾盛光如來陀羅尼經	1	不著撰人	明萬曆卅八年內府印造梵夾本	4×11	葛斯德
諸佛世尊如來菩薩尊者神僧名經	不分卷	明成祖敕撰	明永樂十五年內府刊本	16×31	央圖、港大、葛斯德
諸佛世尊如來菩薩者名稱歌曲	不分卷	明成祖敕撰	明永樂十間內府刊本		葛斯德、港大

感應歌曲	不分卷	明成祖敕編	明永樂十七年內府刊本		央圖
神僧傳	9	明成祖敕撰	明永樂十五年內府刊本		央圖
明北藏附續藏 *16	存 3980 卷	明成祖敕編	明永樂十八年至正統五年內府刊梵夾本	5×17	葛斯德

集　部

別集類

書　　名	卷　數	撰　　者	版　　本	行　格	現在典藏處所
詠史詩	不分卷	唐胡曾撰	明內府刊本		故宮
高皇帝御製文集	20	明太祖敕撰	明萬曆間南京禮部刊		北平、臺大、奎章
御製文集	20	明太祖敕撰	明初內府刊本		央圖
御製詩集	2	明仁宗撰	明洪熙元年內府刊本		北平
含春堂稿	1	明朱佑杬	明嘉靖五年司禮監刊本		央圖

總集類

書　　名	卷　數	撰　　者	版　　本	行　格	現在典藏處所
古文精粹	10	元不著撰人，明憲宗敕重編	明成化十一年經廠本		央圖
古文真寶	10	明黃堅編	明萬曆十一年內府刊本		故宮
諸儒箋解古文真寶	20	明黃堅編	明萬曆十一年司禮監刊本	8×20	故宮、葛斯德、國會

詩文類

書　　名	卷　數	撰　　者	版　　本	行　格	現在典藏處所
箋註唐賢絕句三體詩法	20	宋周弼編	明內府刊本		故宮

---

*16 續藏乃萬曆十二年慈聖宣明肅皇太后所命刻。

圖一：明代司禮監、經廠位置圖

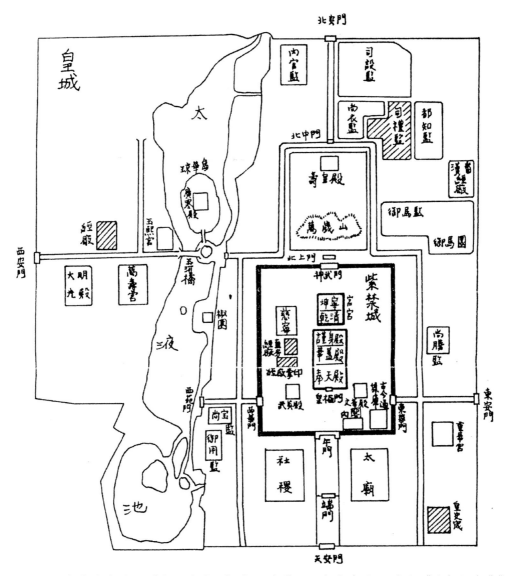

說明：本圖參考樂嘉藻於《中國建築史》中所繪「明北京皇城圖」，朱偰《故都紀念集》「明
　　　代宮禁圖」，及明劉若愚《明宮史》，清孫承澤《天府廣紀》所載宮殿方位所繪製而
　　　成。
　　　按樂嘉藻「明北京皇城圖」中司禮監、番漢經廠之位置與《明宮史》文字敘述之位
　　　置略有出入，不過都是位於內府衙門區內，並無太大影響。明代皇城各衙門至清代
　　　皆全變動，今又乏明代皇城之詳圖，實難考索準確，故此圖採用樂嘉藻所繪之司禮
　　　監與番漢經廠之方位，以佐參考。

圖二：明代南京國子監位置圖

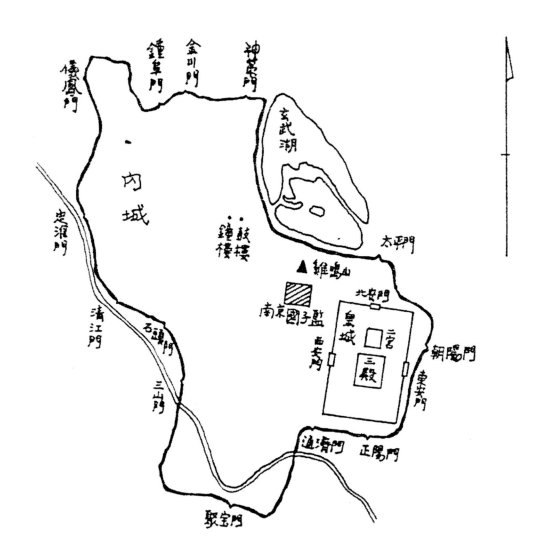

說明：本圖以葉大松於《中國建築史》中所繪「明代南京城」爲底稿，並參照同書「明代
南京宮城圖」、「明南京城圖」所繪製。

圖三：明代北京國子監位置圖

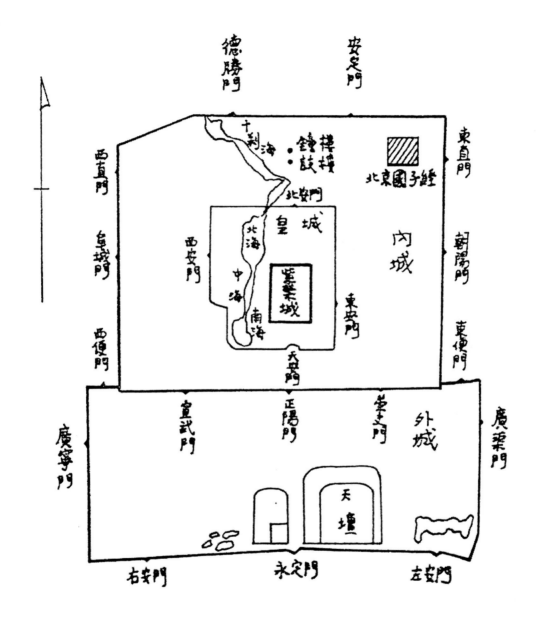

說明：本圖以葉大松於《中國建築史》中所繪「明清北京城圖」為底稿所繪製。

圖四：國子監圖

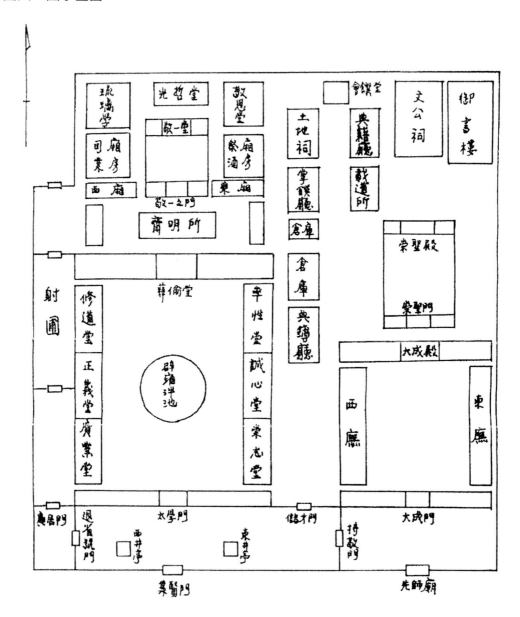

說明：本圖依據清周家楣《順天府志》之明代「太學全圖」，並參考明黃佐《南雍志》、清
　　　孫承澤《天府廣記》二書所載明國子監內各廳堂之位置配制，互相對照後，重新繪
　　　製而成。

書影 1：《古文真寶》，明萬曆十一年（1583）內府刊本，板框高 24.4 公分，廣 16.4
　　　公分，趙體字。

諸儒箋解古文真寶卷之一　　前集

勸學文

真宗皇帝勸學

言人能勤學則榮貴後自有
良田好宅僕從妻室之類也

富家不用買良田書中自有千鍾粟安居不用架高
堂書中自有黃金屋　漢武故事　漸臺高三十出門莫
　　　　　　　　　飾以黃金鏤屋上
恨無人隨書中車馬多如簇娶妻莫恨無良媒　詩南
　　　　　　　　　　　　　　　　　　　　山娶
妻如之何書中有女顏如玉　詩　其人
　　　　　　　　　　　　如玉　　男兒欲遂平生
匪媒不得

－119－

書影 2：《重刊古文真寶跋》，明萬曆十一年（1583）內府刊本

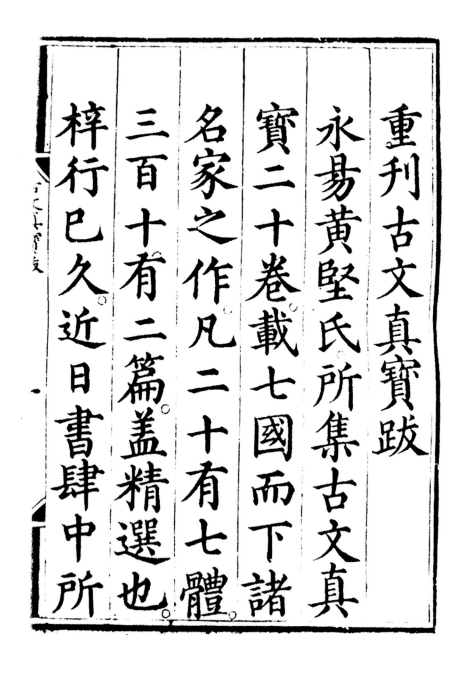

重刊古文真寶跋

永易黃堅氏所集古文真

寶二十卷載七國而下諸

名家之作凡二十有七體

三百十有二篇蓋精選也

梓行已久近日書肆中所

書影3：《明倫大典》，明嘉靖七年（1528）內府刊本，字體橫輕直重。

皇上稱

獻王曰皇叔父大王自名。

興

尊崇至矣萬世而下為人君者必皆以

皇上為法因備錄程頤議以

上復命博考典禮務求至當

丙子楊廷和蔣冕毛紀上言考之三代以

前聖莫如舜未聞追崇其所生父瓚瞍也

三代以後賢莫如漢先武亦未聞追崇其

明倫大典卷之二三

書影4:《寰宇通志》,景泰年間內府刊本大黑口,雙魚尾,四周雙邊。

寰宇通志卷之十一

寧國府

禹貢揚州之域天文斗分野春秋屬吳後屬越

建置沿革

戰國屬楚秦為鄣郡地漢改丹陽郡治宛陵即今治東漢

永和間析置宣城郡後廢為丹陽郡三國屬吳為重鎮而

郡不改晉平吳復置宣城郡劉宋大明中併淮南僑郡入

宣城郡治蕪湖秦始初以宣城析置淮南郡齊梁陳皆因

之隋平陳改宣城郡為宣州治宣城煬帝復為宣城郡唐

置宣州總管府後改總管府為都督府貞觀初罷都督府

以州隸江南道天寶初改州為宣城郡乾元初復為州兼

書影 5：《大明會典》，正德四年（1509）內府刊本，白口，四周單邊。

大明會典卷之三　　吏部二

（官制二）

國初官制具載干諸司職掌至洪武末漸加更定

革除年間多所變易永樂初卷復其舊壁違

兩京各衙門官職弁置繁間隨宜其後亦或

因事損益而綱維體統一遵舊制今其列于

後其所損益者各附本條之下南京所裁員

數正佐多寡不一不復備列

諸司職掌

凡內外各司府州縣衙門弁合屬本庫河泊

書影6：《御製大誥》，洪武年間內府刊本，板框高28.3公分，廣16.5公分，標句讀和圈發。

御製大誥
君臣同遊第一
昔者人臣得與君同遊者其竭忠成全其君飲食夢寐未嘗忘其政所以政者何惟務為民造福拾君之失撙君之過補君之欠欽顯祖宗於地下歡父母於生前榮妻子於當時身名流芳千萬載不磨專在竭忠守分智人悟之有何難哉今人臣不然蔽君之明張君之惡邪謀黨比機無暇時凡所作為盡皆殺身之計趨火赴淵之籌

官親起藁第二

書影 7：《歷代臣鑒》，宣德元年（1426）內府刊本，板框高 25.8 公分，廣 16.4 公分，
　　　標句讀和圈發。

歷代臣鑒卷之一

善可為法

列國

鄭子產

子產名僑鄭穆公之孫公子發之子也代子皮為政

處遠而事詳。凡其所施鮮不適理故無後害其稱曰。

政如農功日夜思之思其始而成其終朝夕而行之。

行無越思如農之有畔使國人都鄙有章上下有服

田有封洫廬井有伍行之三年而民誦之凡政無大

小其慮之必豫而慶之必審鄭之賢者無不用馮簡

—125—

書影 8-1：《儀禮》，宋嘉定十至十五年（1217～1222）刊本，細黑口，雙魚尾相向，
　　　　有刻工名。

書影　8-2：《儀禮》，宋嘉定十至十五年（1217～1222）刊本，白口，雙魚尾相向，有刻工名。

俟合則兩從而互見之也

篚人執篹抽上韇兼執之

進受命於主人
篹初草反韇音獨○篹
藏篹之器也今明藏弓矢者謂之韇九
也兼弁也進前也自西方而前受命者
當知所篚也○跪曰篹即著也曲禮曰
篹為篚是也按少牢云左執篹右抽
上韇兼與篚執之東面受命于主人與
此同也又云今附之韇九者見以皮
為之也言上韇者從上向下韇之
下向上承之上者從上下下者從

宰自右少退贊命
宰有司主政教者也贊佐也命告
自由也

書影 9-1：《爾雅註疏》，元刊板，黑口，雙魚尾相隨，左右雙邊。

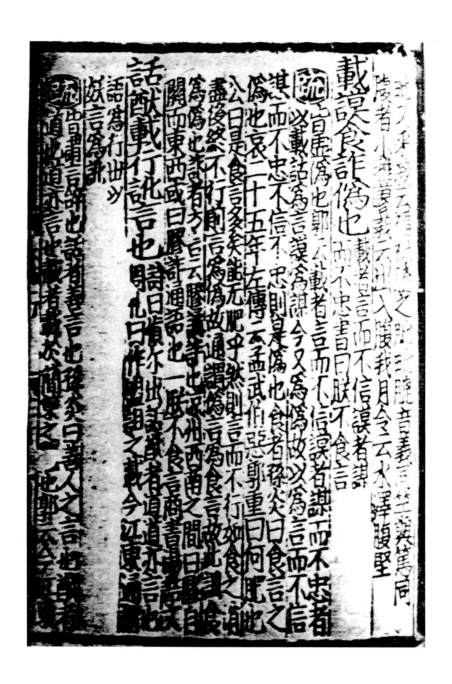

書影 9-2：《爾雅註疏》，明正德六年（1511）南監補刊板，大黑口，四周雙邊，有刻工名。

書影 9-3：《爾雅註疏》，明嘉靖十二年（1533）南監補刊板，白口，單魚尾，四周
單邊，有刻工名。

書影 10-1：《元史》，洪武三年（1370）史館刊板，黑口，四周雙邊。

本紀卷第一　元史一

翰林學士亞中大夫知制誥兼修國史臣宋濂、翰林待制承直郎兼國史院總修官臣王禕等奉

勅修

太祖

太祖法天啟運聖武皇帝諱鐵木真姓奇渥溫氏蒙
古部人其十世祖孛端义兒母曰阿蘭果火嫁脫奔
咩哩犍生二子長曰博寒葛荅黑次曰博合荅撒里
直既而夫亡阿蘭寡居夜寢帳中夢白光自天窗中
入化為金色神人來趨卧榻阿蘭驚覺遂有娠産一
子即孛端义兒也孛端义兒狀貌奇異沈默寡言家

書影 10-2：《元史》，嘉靖九年（1530）南監補刊板，黑口，四周雙邊，有補刊年。

世祖聖德神功文武皇帝諱忽必烈薛禪宗皇帝第四

世祖一

子母莊聖太后怯烈氏以乙亥歲八月乙卯生及長

仁明英睿事太后至老尤善撫下納弘吉剌氏為妃

歲甲辰帝在潛邸思大有為於天下延藩府舊臣及

四方文學之士問以治道歲辛亥六月憲宗即位同

母弟惟帝最長且賢故憲宗盡屬以漠南漢地軍國

翰林學士亞中大夫知

制誥修國史臣宋濂翰林侍制承事郎兼

國史院編修官臣王褘等

本紀卷第四

元史四

勑修

嘉靖九年補刊

書影 10-3：《元史》，嘉靖十年（1531）南監補刊板，黑口，四周雙邊，有補刊年，
　　　　有刻工名。

書影 11-1：《孝經註疏》，明正德六年（1511）南監覆宋十行本，花口，雙魚尾，有
書手、刊刻年。

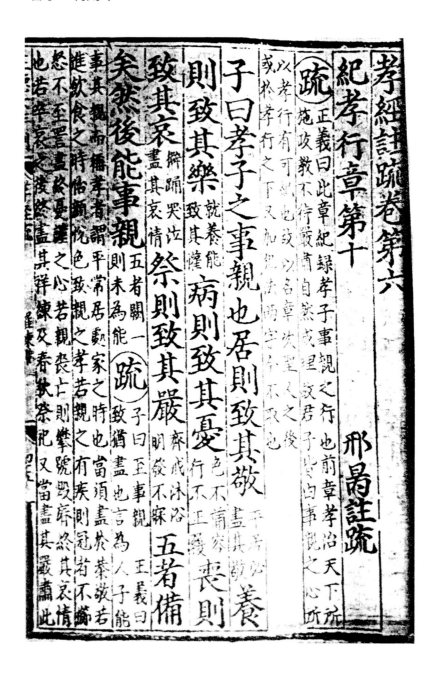

書影 11-2：《孝經註疏》，明正德六年（1511）南監覆宋十行本，花口，三魚尾，有書手、刻工名、刊刻年。

書影 11-3：《孝經註疏》，明正德六年（1511）南監覆宋十行本，花口，雙魚尾，有
書手、刻工名、刊刻年。

書影 11-4：《孝經註疏》，明正德六年（1511）南監覆宋十行本，白口，單魚尾。

書影 12：《史記》，明嘉靖九年（1530）南監刊本，白口，有刻工名，有刊刻年。

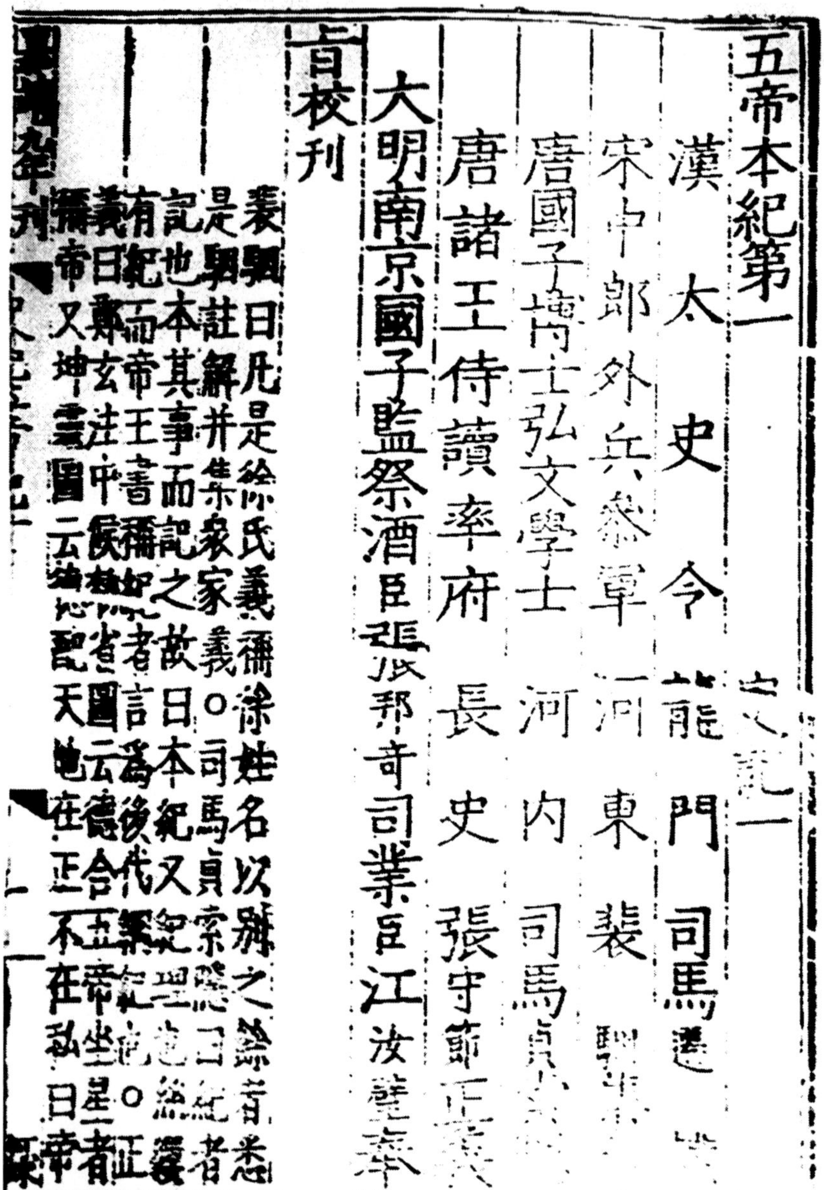

五帝本紀第一　史記一

漢　太　史　令　龍　門　司　馬　遷　撰

宋　中　郎　外　兵　參　軍　河　東　裴　駰　集解

唐　國　子　博　士　弘　文　學　士　河　內　司　馬　貞　索隱

唐　諸　王　侍　讀　率　府　長　史　張　守　節　正義

大明南京國子監祭酒臣張邦奇司業臣江汝璧奉

旨校刊

裴駰曰凡是徐氏義稱徐姓名以別之餘者悉是駰注解并集眾家義○司馬貞索隱曰紀者記也本其事而記之故曰本紀又紀理也絲縷有紀而帝王書稱紀者言為後代綱紀也○正義曰鄭玄注中候勑省圖云德合五帝坐星者稱帝又坤靈圖云德配天地在正不在私曰帝

書影13：《史記》，明萬曆二年（1574）南監刊本，白口，雙魚尾，四周雙邊，有刻工名、刊刻年。

五帝本紀第一

漢　太史令　龍門　司馬遷　撰

宋中郎外兵參軍　河東　裴駰　集解

唐國子博士弘文學士　河內　司馬貞　索隱

唐諸王侍讀率府長史　張守節　正義

大明南京國子監祭酒　余有丁　校正

司業　周子義　同校

裴駰曰尪是徐氏義稱徐姓名以別之餘者悉
是駰註解并集眾家義〇司馬貞索隱曰紀者
記也本其書而記之故曰本紀又紀理也絲縷
有紀而帝王書稱紀者言為後代綱紀也〇正
義曰鄭玄注中候勑省圖云德合五帝坐星者
稱帝又坤靈圖云德配天地在正不在私曰帝

萬曆二年刊

史記五帝紀一

書影 14：《古文》，明萬曆卅九年（1611）南監刊本，花口，左右雙邊，單魚尾，有
刻工名。

三皇本紀第一　　　　古史一

太昊伏犧氏風姓始觀天地之象鳥獸之文近取諸
身遠取諸物以畫八卦教民佃取犧皮以為禮作結
繩為罔罟以佃以漁豢犧牲服牛乘馬故曰伏犧亦
曰包犧氏伏犧以木德王天下故為三皇首河出圖
故為龍師而龍名居於笧丘後世所謂太昊之虛也
伏犧氏既薨而共工氏伯九州自謂水德失五行之
叙其後神農氏與而伏犧之子孫不可復紀至周裏
有任宿須句顓臾皆風姓邑於濟上奉伏犧之祀
炎帝神農氏姜姓以火德繼木為火師而火名故曰

—140—

書影 15：《南齊書》，明萬曆十七年（1589）南監刊本，白口，左右雙邊，雙魚尾，有書手，有刊刻年。

本紀第一　　　　　　　　　　　南齊書一

梁

大明南京國子監　　祭　酒　臣　蕭子顯　撰

　　　　　　　　　司　業　張一桂同校

高帝上

太祖高皇帝諱道成字紹伯姓蕭氏小諱鬭將

漢相國蕭何二十四世孫也何子鬷定矦延生

侍中彪彪生公府椽章章生皓皓生仰仰生御

史大夫望之望之生光祿大夫育育生御史中

萬曆十七年刊（左欄書口文字）

—141—

書影 16：《周易正義》（十三經注疏），明萬曆十四年（1586）北監刊本，白口，左
右雙邊，單魚尾，有刊刻年。

書影 17：《史記》（《廿一史》），明萬曆廿四年（1596）北監刊本，白口，左右雙邊，
　　　　單魚尾，有刻工名、刊刻年。

五帝本紀第一　　史記一

漢　太史令　龍門司馬遷　撰
宋中郎外兵參軍　河東裴駰　集解
唐國子博士弘文學士　河內司馬貞　索隱
唐諸王侍讀率府長史　張守節　正義

裴駰曰：尻是徐氏義稱徐姓名以別之。餘者悉是駰註解并
集眾家義○司馬貞索隱曰本其事而記之故曰
本紀。又紀理也絲繹有紀而帝王書稱紀者言為後代綱紀
也。○正義曰鄭玄注中候勑省劉云德合五帝坐星者稱帝
又坤靈圖云德配天帝在正不在私曰帝楼太史公依世本
大戴禮以黃帝顓頊帝嚳唐堯虞舜為五帝。譙周應劭宋均
皆同而孔安國尚書序皇甫謐帝王世紀孫氏注世本並以
伏羲神農黃帝為三皇少昊顓頊高辛唐虞為五帝。裴松之
史目云天子稱本紀諸侯曰世家本者繫其本系故曰本紀
者理也統理眾事繫之年月名之曰紀第者次序之曰一者

萬曆二十四年刊
五帝本紀一
率數之由故
日本紀第一
一百二十三
何寶〇

書影18：《醫方選要》，明嘉靖廿三年（1544）禮部刊本，大黑口，四周雙邊，雙邊尾。

醫方選要卷之一

欽差醫副臣周文采編集

諸風門

夫風者百病之長以其善行而數變也然風之為病種類甚多大要有四一曰偏枯謂血氣偏虛半身不遂肌肉枯瘦骨間疼痛二曰風痱謂神智不亂身體無痛四肢不舉一臂不隨三曰風懿謂忽然迷仆舌強不語喉中窒塞噫噫有聲四曰風痹謂風寒濕三氣合而為痹其人身頑肉厚不知痛癢風多則走注寒多則疼痛濕多則重着在筋則筋屈而不伸在脉則血凝而不流在肉則不仁在骨則癱重是也有中

書影 19：《補要袖珍小兒方論》，明萬曆二年（1574）南京禮部刊本，花口，四周雙
　　　　邊，單魚尾，有刻工名。

補要袖珍小兒方論卷之二

喋風撮口臍風方論

初生喋風撮口臍風三者一種病也大喋風者附
口喋啼聲漸少舌上聚肉如粟米狀吮乳不得口吐
白沫大小便皆通蓋由胎中感受熱氣流毒於心脾
故形見於喉舌間也抑亦生下後為風邪擊搏所致
自滿月至百二十日見此名曰犯風喋依法將護防
於未然則無此患撮口者面目黃赤氣息喘急啼聲
不出盖由胎氣挾熱氣風邪入臍流毒心脾之經故
令舌強唇青聚口撮面飲乳有效若口出白沫而四

參考書目

甲、原始文獻

1. （明）李守衡，《明史竊》（台北：華世出版社，1978 年）。

2. （明）李東陽等撰，申時行重修，《大明會典》（台北：文海出版社，影印萬曆十五年司禮監刊本，1964 年）。

3. （明）金幼孜，《明實錄》（台北：中研院史語所影印本，1967 年）。

4. （明）周弘祖，《古今書刻》（《書目類編》八八，台北：成文出版社，影印清光緒三二年長沙葉氏觀古堂刊本，1978 年）。

5. （明）茅瑞徵，《皇明象胥錄》（台北：商務印書館，1936 年）。

6. （明）徐圖等，《行人司重刻書目》（《百部叢書集成》三編十二，《己卯叢編》第一函，台北：藝文印書館，1971 年）。

7. （明）徐學聚，《國朝典彙》（台北：學生書局，1965 年）。

8. （明）張鹵校刊，《皇明制書》（台北：成文出版社，影印明萬曆刊本，1969 年）。

9. （明）張廷玉，《明史》（台北：藝文印書館，1982 年）。

10. （明）張萱，《內閣藏書目錄》（《書目續編》，台北：廣文書局，1968 年）。

11. （明）黃佐，《南雍志》，明嘉靖廿三年黃佐序抄本。

12. （明）黃儒炳，《續南雍志》，明天啟六年南監刊本。

13. （明）黃虞稷，《千頃堂書目》（台北：廣文書局，1981 年）。

14. （明）傅鳳翔，《皇明詔令》（台北：成文出版社，影印明嘉靖間刊本，1967 年）。

15. （明）焦竑，《國史經籍志》（《書目五編》八二，台北：廣文書局，1972 年）。

16. （明）焦竑，《國朝獻徵錄》（台北：學生書局，1965 年）。

17. （明）楊士奇，《文淵閣書目》二十卷，（《書目三編》四八，台北：廣文書局影印清嘉慶五年顧修刻讀畫齋叢書重訂本，1969 年）。

18. （明）楊士奇編，（清）傅維麟拾補，《明書經籍志》（《書目類編》三，台北：成文出版社，影印 1959 年排印本，1978 年）。

19. （明）劉若愚，《酌中志》（《百部叢書集成》六十，《海山仙館叢書》第七函，台北：藝文印書館，1971 年）。

20. （明）劉若愚、呂毖，《明宮史》（《百部叢書集成》四六，《學討津原》第十一函）（台北：藝文印書館，1971 年）。

21. （明）鄧球編，《皇明詠化類編》（台北：國風出版社，影印明隆慶刊本，1965 年）。

22. （清）龍文彬，《明會要》（台北：世界書局，1963 年 4 月）。

乙、一般論著

書籍部份

1. （明）王圻，《稗史彙編》（台北：新興書局，影印明萬曆三八年刊本，1971 年）。

2. 王國維，《海寧王靜安先生遺書》（台北：商務印書館，1940 年）

3. （明）文震亨，《長物志》（《百部叢書集成》三一，《硯雲甲乙編》第二函，台北：藝文印書館，1971 年）。

4. 包遵彭，《明代政治》（《明史論叢》四，台北：學生書局，1968 年）。

5. （明）田藝蘅，《留青日抄》（《紀錄彙編》，《元明善本叢書十種》，台北：商務印書館，1969 年）。

6. 史梅岑，《中國印刷發展史》（台北：商務印書館，1967 年）。

7. （明）余繼登，《典故紀聞》（《百部叢書集成》九四，《幾輔叢書》第十四函，台北：藝文印書館，1971 年）。

8. （清）朱一新，繆荃孫，《京師坊巷志》（《北平地方研究叢刊》，台北：古亭書屋，影印本求恕齋刊本，1969 年）。

9. 朱偰，程演生，《故都紀念集》（《北平地方研究叢書》第二輯，台北：進學書局，1916 年）。

10. （清）朱彝尊，《曝書亭集》（台北：世界書局，1964 年）。

11. （明）何良俊《四友齋叢說》（《百部叢書集成》十六，《紀錄彙編》第十一函，台北：藝文印書館，1971 年）。

12. 李晉華，《明代敕撰書考附引得》（《哈佛燕京學社引得特刊》三，台北：成文出版社，1966 年）。

13. （明）沈德符，《萬曆野獲編》（台北：新興書局，1976 年）。

14. 沈寶環等，《圖書館學》（台北：學生書局，1974 年）。

15. 吳辰伯（晗），《朱元璋傳》（台北：活泉書屋）。

16. 吳哲夫，《清代禁燬書目研究》（台北：嘉新水泥公司文化基金會，1969 年）。

17. 屈萬里，昌彼得，《圖書板本學要略》（台北：華岡出版社，1978 年）。

18. 屈萬里，《書傭論學集》（台北：開明書店，1969 年）。

19. 昌彼得，《版本目錄學論叢》（台北：學海出版社，1977年）。

20. 林麗月，《明代國子監生》（台北：東吳大學中國學術著作獎助委員會出版，1978年）。

21. （明）徐復祚，《花當閣叢談》（台北：廣文書局，1969年）。

22. （清）孫承澤，《天府廣記》（台北：大立出版社，1980年）。

23. （清）孫承澤，《春明夢餘錄》（台北：大立出版社，影印光緒九年古香齋刊本，1980年）。

24. 孫毓修，《中國雕板源流考》（台北：商務印書館，1974年）。

25. 陳大川，《中國造紙術盛衰史》（台北：中外出版社，1979年）。

26. 陳國慶、劉國鈞，《版本學》（台北：西南書局，1977年）。

27. 陳彬龢等，《中國書史》（台北：盤庚出版社，1978年）。

28. 陳登原，《古今典籍聚散考》（《書目類編》九六，台北：成文出版社，影印1936年排印本，1978年）。

29. 陳登原，《國史舊聞》（台北：明文書局，1981年）。

30. （清）莫友芝，《邵亭知見傳本書目》（《書目五編》二二至二三，台北：廣文書局，1972年）。

31. 張秀民等，《中國印刷術的發明及其影響》（台北：文史哲出版社，1980年）。

32. 郭伯恭，《永樂大典考》（台北：商務印書館，1976年）。

33. （日）野上俊靜撰，鄭欽仁譯，《中國佛教史》（台北：牧童出版社，1978年）。

34. （明）陸光祖，《明徑山方冊本刻藏緣起》（《書目類編》五十，台北：成文出版社，影印1932年川支那內學院刊本，1978年）。

35. （明）陸容，《菽園雜記》（《記錄彙編》，《元明善本叢書十種》，台北：商務印書館，1969年）。

36. （明）陸深，《停驂錄》（《百部叢書集成》十六，《紀錄彙編》第六函，台北：藝文印書館，1966年）。

37. 黃彰健，《明代律例彙編》（《中研究史語所專刊》之七五，台北：中研究史語所，1979年）。

38. （明）屠隆，《考槃餘事》（《百部叢書集成》三二，《龍威秘書》第六函，台北：藝文印書館，1966年）。

39. （清）葉德輝，《書林清話》（台北：世界書局，1974年）。

40. （清）葉德輝，《觀古堂書目叢刊》（《書目五編》七九，台北：廣文書局，影印1919年觀古堂刊本，1972年）。

41. 曾虛白，《中國新聞史》（台北：國立政治大學新聞研究所，1966年）。

42. 撰人不詳，《明內廷規制考》（《百部叢書集成》四八，《借月山房彙鈔》第七函，台北：藝文印書館，1971年）。

43. 撰人不詳，《中國古籍研究叢刊》（台北：南嶽出版社，1980 年）。

44. （清）錢大昕，《十駕齋養新錄》（《國學基本叢書》，台北：商務印書館，1968 年）。

45. 錢基博，《板本通義》（台北：商務印書館，1973 年）。

46. 錢穆，《中國文化叢談》（台北：三民書局，1973 年）。

47. 錢穆等，《明代政治》（《明史論叢》，台北：學生書局，1968 年）。

48. （明）謝肇淛，《五雜俎》（台北：新興書局，1971 年）。

49. （清）薛熙，《明文在》（《國學基本叢書》，台北：商務印書館，1968 年）。

50. （清）羅振玉，《續彙刻書目》（《書目五編》七八，台北：廣文書局，影印 1914 年范氏雙魚室校刊本，1972 年）。

51. 羅錦堂，《歷代圖書板本志要》（台北：台灣中華叢書委員會印行，1958 年）。

52. 蘇同炳，《明史偶筆》（台北：台灣中華叢書委員會印行，1958 年）。

53. （明）顧炎武，《日知錄》（台北：明倫書局，1979 年）。

54. （明）顧起元，《客座贅語》（《百部叢書集成》十六，《紀錄彙編》第十一函，台北：藝文印書館，1966 年）。

55. （清）顧修，《彙刻書目》（《書目五編》七七，台北：廣文書局，影印光緒十二年上海福瀛書局據朱氏增訂重編本，1972 年）。

56. 顧廷龍、熊承弼，《明代版本圖錄初編》（《書目類編》八七，台北：成文出版社，影印 1941 年編印本，1978 年）。

論文部份

1. 丁榕萍，《明代國子監研究》（《花蓮師專學報》八期，1976 年 6 月），1～18 頁。

2. 王止峻，《談明太祖的文治》（《醒獅》十三卷六期，1975 年 6 月），12～13 頁。

3. 包遵彭，《明太祖及其文章》（《新時代》六卷二期，1966 年 2 月 15 日），26～28 頁。

4. 吳智和，《明代職業戶的初步研究》（《明史研究專刊》四期，1981 年 12 月），55～70 頁。

5. （日）長澤規矩也撰，鄧衍林譯，《宋元刊本刻工名表初稿》（《圖書館學季刊》八卷三期），451～49。

6. 袁同禮，《皇史宬記》（《圖書館學季刊》二卷三期），443～445 頁。

7. 張存武，《說明代宦官》（《幼獅學誌》三卷二期，1964 年 4 月 15 日），1～11 頁。

8. 楊樹藩，《明代的內閣》（《國立政治大學學報》十八期，1968 年 12 月），315～338 頁。

9. 潘美月，《南宋重刊九行本七史考》（《圖書季刊》四卷一期，1973 年 6 月），55～92 頁。

10. 魯公，《朱元璋之清忌》（《國魂》三九六期），63 頁。

11. 蘇同炳，《偽造邸報—記明清兩代新聞史中特出事件》（《中央日報》，1969 年 4 月
　　十、十一日，第九版）。

12. 顧其（頡）剛，《明代文字獄禍考略》（《東方雜誌》三二卷十四號，1935 年 7 月 16
　　日），21～34 頁。